petits fruits

Infographie : Johanne Lemay
Illustrations : Julien Bartoluci

Catalogage avant publication de Bibliothèque et Archives Canada

Grappe, Jean-Paul

Petits fruits

(Tout un plat!)

1. Cuisine (Baies). I. Titre. II. Collection.

TX813.B4G72 2005 641.6'47 C2005-940614-3

L'auteur tient à remercier :

Hector Larivée Inc., pour la fourniture de tous les petits fruits.
Pour le prêt d'accessoires ayant servi pour les photos :
Anna Biron, Montréal ;
Mireille Kimbika, Passion d'ailleurs ;
Trois femmes et un coussin inc., Montréal ;
Restaurant Europea.

Colombe St-Pierre et son assistante Lucie St-Gelais pour la confection des recettes pour les photos.
Pierre Beauchemin pour les photos.
Francine Larochelle pour sa patience et son travail soigné.
Julien Bartoluci pour les illustrations.
Patrice Demers pour ses recettes de pâtisseries.

Pour en savoir davantage sur nos publications,
visitez notre site : **www.edhomme.com**
Autres sites à visiter : www.edjour.com
www.edtypo.com • www.edvlb.com
www.edhexagone.com • www.edutilis.com

04-05

Dépôt légal : 2e trimestre 2005
Bibliothèque nationale du Québec

ISBN 2-7619-1926-2

DISTRIBUTEURS EXCLUSIFS :

• Pour le Canada et les États-Unis :
MESSAGERIES ADP*
955, rue Amherst
Montréal, Québec H2L 3K4
Tél. : (514) 523-1182
Télécopieur : (450) 674-6237
* Filiale de Sogides ltée

• Pour la France et les autres pays :
INTERFORUM
Immeuble Paryseine, 3, Allée de la Seine
94854 Ivry Cedex
Tél. : 01 49 59 11 89/91
Télécopieur : 01 49 59 11 96
Commandes : Tél. : 02 38 32 71 00
Télécopieur : 02 38 32 71 28

• Pour la Suisse :
INTERFORUM SUISSE
Case postale 69 - 1701 Fribourg - Suisse
Tél. : (41-26) 460-80-60
Télécopieur : (41-26) 460-80-68
Internet : www.havas.ch
Email : office@havas.ch
DISTRIBUTION : OLF SA
Z.I. 3, Corminbœuf
Case postale 1061
CH-1701 FRIBOURG
Commandes : Tél. : (41-26) 467-53-33
Télécopieur : (41-26) 467-54-66
Email : commande@ofl.ch

• Pour la Belgique et le Luxembourg :
INTERFORUM BENELUX
Boulevard de l'Europe 117
B-1301 Wavre
Tél. : (010) 42-03-20
Télécopieur : (010) 41-20-24
http ://www.vups.be
Email : info@vups.be

Gouvernement du Québec – Programme de crédit d'impôt pour l'édition de livres – Gestion SODEC – www.sodec.gouv.qc.ca

L'Éditeur bénéficie du soutien de la Société de développement des entreprises culturelles du Québec pour son programme d'édition.

Le Conseil des Arts du Canada
The Canada Council for the Arts

Nous remercions le Conseil des Arts du Canada de l'aide accordée à notre programme de publication.

Nous reconnaissons l'aide financière du gouvernement du Canada par l'entremise du Programme d'aide au développement de l'industrie de l'édition (PADIÉ) pour nos activités d'édition.

tout un plat !

petits fruits

Jean-Paul Grappe

Toutes les recettes de pâtisserie ont été créées par Patrice Demers
Photographe : Pierre Beauchemin

LES ÉDITIONS DE L'HOMME

L'équipe, de gauche à droite :

Patrice Demers, chef pâtissier et copropriétaire des restaurants Les Chèvres *et* Le Chou*;*

Pierre Beauchemin, photographe culinaire, ITHQ;

Jean-Paul Grappe, chef de cuisine et professeur, ITHQ;

Julien Bartoluci, illustrateur;

Colombe St-Pierre, styliste culinaire, chef de cuisine et propriétaire du restaurant Chez St-Pierre, *au Bic;*

Lucie St-Gelais, assistante styliste.

Introduction

Lorsque les premiers explorateurs découvrirent le Québec, ils furent surpris d'y trouver une végétation diversifiée et ô combien intéressante pour se nourrir ! Les Amérindiens y puisaient d'ailleurs tous les éléments nutritifs et médicinaux dont ils avaient besoin. Cela dit, le territoire québécois est si vaste que la cueillette des plantes et des fruits sauvages varie beaucoup d'une région à l'autre. Par exemple, il n'y a pas de plaquebières à Montréal ni de framboisiers noirs en Gaspésie. C'est le célèbre botaniste Marie-Victorin qui a répertorié nos plantes et nos fruits sauvages dans sa *Flore laurentienne,* éditée en 1935.

Au Québec, la cuisine actuelle redécouvre avec enthousiasme toutes ces plantes et ces fruits indigènes, et des spécialistes de la cueillette nous entraînent dans de merveilleuses aventures culinaires.

Au mois de juillet, nous avons tous hâte de déguster les fraises, mais savons-nous que partout au Québec de petites fraises sauvages, encore plus délectables, poussent sur nos collines et dans nos vallées ? Profitons-en ! L'automne, on peut cueillir des airelles vigne d'Ida et de petits et gros atocas, mais il faut savoir que ces petits fruits deviennent plus juteux et savoureux après quelques gelées. La plaquebière, avec laquelle on fabrique la liqueur Chicoutai, est une sorte de framboise blanche que l'on retrouve dans les hautes latitudes des pays nordiques ; elle est délicieuse en sorbet ou dans un gâteau. Pimbinas, catherinettes, cerises sauvages, cerises de terre, baies de sorbier et de ronce odorante sont d'autres petits fruits qui font les délices des cueilleurs.

Quantité de fruits nous proviennent aujourd'hui du monde entier grâce aux transports modernes. Nous n'avons même plus à attendre la saison des fraises au Québec : on en trouve à longueur d'année sur nos étals. Elles sont parfois bonnes, parfois mauvaises. Par ailleurs, le litchi ne pousse pas chez nous, mais ses fruits sont très prisés : juteux, sucrés, savoureux, ils ravissent nos papilles. Il me paraît donc important de cuisiner les fruits que nous retrouvons chez nos marchands, mais il faut aussi en connaître l'origine.

L'arboriculture fruitière est née avec la multiplication des végétaux par bouturage, marcottage et greffage, avec la sélection des meilleures variétés d'une espèce et la création de cultivars (variétés obtenues artificiellement). Autrefois les Sumériens exploitaient en Mésopotamie le palmier dattier, peut-être originaire des confins de la mer Morte, qui fut le premier arbre cultivé par les hommes il y a six ou sept mille ans. Selon les écrits bibliques, les Hébreux cultivaient en Judée l'olivier, la vigne, l'amandier, le caroubier, le pistachier. Le pêcher et l'abricotier sont cultivés depuis des siècles en Chine.

Quand j'étais jeune, nous dégustions les fruits très mûrs. Fragiles, ils étaient talés, c'est-à-dire meurtris par endroits, mais incroyablement délectables. De nos jours, à cause de l'éloignement et des distances, on mange souvent des fruits insipides qui ne sont pas mûrs. Qui aime les bananes lorsque leur peau est toute noire ou seulement tavelée? Presque personne. C'est pourtant à ce stade qu'elles sont les meilleures. Tout est malheureusement à cette échelle. Les laboratoires ont créé la pêche abricot, le brugnon, la prune rouge, fruits qui ne mûrissent presque pas, donc qui s'altèrent doucement.

Au Québec, on connaît le merisier, un cerisier sauvage. Mon fils me cueille des merises chaque année car, pour cuisiner, ces fruits valent mieux que les cerises de nos marchés, beaucoup moins sucrées. Les merises conviennent à merveille au canard, sinon on peut se rabattre sur les griottes ou les cerises montmorency. C'est fondamental pour certaines grandes recettes, sinon nous sommes obligés de faire une gastrique, c'est-à-dire un caramel (préparation sucrée et acide qui peut être incompatible avec certaines viandes ou volailles).

J'exerce la profession de cuisinier depuis quarante-huit ans et j'ai longtemps été contre la cuisine aux fruits, cependant mes séjours chez les Amérindiens et, surtout, l'utilisation des fruits sauvages m'ont fait comprendre qu'à l'origine ils étaient beaucoup moins sucrés, et c'est pour cette raison que la grande aventure de ce livre me passionne. Par des mélanges judicieux, nous ferons ressortir les goûts de la matière première tout en la relevant avec certains fruits et légumes, ce qui s'appelle un heureux mariage.

Cela dit, je ne cuisine un gibier que si je connais son régime alimentaire. Par exemple, le lagopède des saules se nourrit de petites pousses de feuillage; mais le lagopède des rochers se nourrit de baies de la toundra, comme les camarines et les petits atocas. Donc, je cuisinerais le lagopède des rochers avec de petits atocas et je l'accompagnerais impérativement d'un vin au bouquet de petits fruits!

Récemment, lors d'un séjour à l'île aux Coudres, je discutais avec M. Pedneault, pomiculteur, au sujet des pommes d'antan, dont on cultivait d'innombrables variétés : la fameuse, très sucrée ; la wealtay : légèrement acidulée ; l'alexandre, une pomme à cuire ; la betpel ; la grenning, qui ne mûrit pas sur l'arbre ; la duchesse-d'Édimbourg ; etc. Pourtant, nous trouvons sur nos étals des pommes qui sont bonnes, certes, mais « industrielles ». La golden, la délicieuse, la cortland, la reinette russet, la granny smith ne se détériorent qu'à long terme ; et la geneva, immangeable crue, donne un très agréable cidre rosé. Quant aux prunes, elles abondaient autrefois sur tout le territoire québécois. La prune de Damas fut sauvée par M. Paul-Louis Martin, qui, lorsqu'il acheta avec sa femme l'ancien domaine de Sifroy Guéret en 1975, restaura un verger abandonné et fonda la Maison de la Prune à Saint-André de Kamouraska.

Cuisiner les prunes, c'est toute une aventure, et les mirabelles, reines-claudes et quetsches nous font découvrir des mets fort intéressants. Je me sers aussi de certains fruits beaucoup moins connus chez nous, par exemple le coing, l'olive et la figue, bien que la figue, ainsi que la fraise, ne soit pas un fruit! Surprenant, n'est-ce pas? Les véritables fruits du fraisier sont les akènes, ces petits grains secs et durs, incorporés à la fraise, qui croquent sous la dent. Quant à la pulpe rouge, elle provient du réceptacle floral. La figue est plus étonnante encore : ce n'est pas un fruit, mais une fleur dont le réceptacle est devenu charnu et s'est refermé sur le fruit. À l'intérieur de la figue, les fleurs femelles ont donné naissance à ces petits fruits secs que nous prenons pour des grains. Si la fraise et la figue ne sont pas des fruits, la tomate, l'aubergine, le potiron, le concombre, le poivron et tous les autres piments le sont. Profanes et botanistes ne sont pas toujours d'accord, mais qui a raison?

Quoi qu'il en soit, c'est en cuisinant que nous connaîtrons les joies de la table.

Degré de difficulté des recettes :

❶ Facile
❷ Assez facile
❸ Moyen
❹ Assez difficile
❺ Difficile

ABRICOTS

Prunus armeniaca (Apricot-tree)

Famille : Rosacées

UTILISATION EN CUISINE ET EN PÂTISSERIE

L'abricot relèvera certaines volailles et certaines salades. Compotes, confitures, gâteaux, gelées, mousses, pâte de fruits, sorbets, tartes.

USAGE THÉRAPEUTIQUE

Anémie, apéritif, astringent, immunité, laxatif, nutritif, rafraîchissant, régénérateur tissulaire.

L'abricotier est un petit arbre à écorce rougeâtre de six à huit mètres de haut. Ses fleurs à corolle blanche teintée de rose sont charmantes et parfumées et elles paraissent avant les feuilles, mais elles supportent mal les gelées printanières. L'abricot fut cultivé dès l'Antiquité. Les recherches démontrent que les Chinois le connaissent depuis 4000 ans. De l'Extrême-Orient, il passa en Asie occidentale jusqu'en Arménie, d'où le nom de l'espèce : *armeniaca.* C'est aujourd'hui l'un des arbres fruitiers les plus cultivés, tant pour la table que pour les conserveries. L'amande du noyau, très oléagineuse, est comestible quand elle est douce, mais le plus souvent elle est amère.

Pourtant, ce fruit duveteux et jaune orangé, qui aujourd'hui fait nos délices, eut peine à s'imposer. On a d'abord accusé l'abricot cru de bien des méfaits. Aussi, jusqu'au XVIIIe siècle, ne le recommandait-on qu'en compote ou en confiture. En revanche on utilisait l'huile de l'amande du noyau, vendue sous le nom d'huile de marmotte, à laquelle on attribuait d'extraordinaires vertus. Insuffisamment mûr, l'abricot a la chair élastique sous la dent ; trop mûr, il peut laisser en bouche un relent de punaises écrasées.

Cuisses de lapin aux abricots

4 portions • Temps de cuisson : 40 min • ❸

PRÉPARATION : 20 MIN

• Macération : déposer dans un récipient les abricots, le vin, la liqueur et le jus de citron. Fermer hermétiquement et laisser macérer au moins 8 jours.

• Faire désosser sans les ouvrir les cuisses de lapin par le boucher. Garder précieusement les os et en demander d'autres pour faire un fond de lapin*.

• Saler et poivrer les cuisses et réserver. Égoutter les abricots et les émincer finement. Les ajouter à la farce de lapin avec le jus de macération. Farcir généreusement les cuisses, puis envelopper chaque cuisse dans la crépine. Dans un sautoir, chauffer l'huile et le beurre, saisir les cuisses de chaque côté, puis déposer au four à 200 °C (400 °F) en arrosant de temps à autre. À mi-cuisson, quand le centre des cuisses aura atteint 60 °C (140 °F), ajouter la mirepoix et cuire de nouveau afin d'atteindre 80 °C (175 °F) à cœur. À ce stade, enlever les cuisses et les garder au chaud. Extraire l'excédent de graisse de cuisson, ajouter le fond de lapin, cuire de 5 à 8 min, puis passer à la passoire. Rectifier l'assaisonnement et monter le jus avec le beurre.

• Sur un nid de pâtes, déposer une cuisse, puis napper de jus de lapin.

* Utiliser la même méthode que pour le fond brun de volaille (voir p. 128).

INGRÉDIENTS

- 4 cuisses de lapin
- Sel et poivre du moulin
- 200 g (7 oz) de farce de lapin (recette p. 63)
- 2 crépines
- 60 ml (1/4 tasse) d'huile de cuisson
- 60 g (1/4 tasse) de beurre non salé
- 150 g (5 oz) de mirepoix
- 250 ml (1 tasse) de fond brun de lapin non lié ou de fond brun du commerce
- 80 g (1/3 tasse) de beurre non salé

MACÉRATION

- 150 g (5 oz) d'abricots secs
- 6 c. à soupe de vin blanc sec
- 6 c. à soupe de liqueur d'abricot
- Le jus d'un citron

Sauté de gésiers de volaille en coffret, sauce aux abricots et au cognac

INGRÉDIENTS

PRÉPARATION : 30 MIN

4 portions • Temps de cuisson : 40 min • ❸

- 16 abricots secs
- 250 ml (1 tasse) de vin blanc sec
- 6 c. à soupe de cognac
- 160 g (1 ¼ tasse) de gésiers de poulet, de canard ou de pintade
- Sel et poivre du moulin
- 200 g (7 oz) de petits oignons de semence
- 2 gousses d'ail
- 1 bouquet garni
- 80 g (⅓ tasse) de beurre non salé
- 80 ml (⅓ tasse) d'huile de cuisson
- 4 carottes, en cubes
- 500 ml (2 tasses) de fond brun de volaille, lié
- 4 vol-au-vent du commerce ou coussins de pâtissier

On a tendance à sous-estimer le goût des gésiers. Pourtant, c'est dans les gésiers que les saveurs de la volaille sont les plus intéressantes.

• Macérer quelques heures les abricots secs avec le vin et le cognac.

• Bien nettoyer les gésiers en enlevant les parties rugueuses. Saler, poivrer et réserver.

• Éplucher les petits oignons, couper en cubes et réserver. Hacher finement les gousses d'ail et préparer le bouquet garni. Dans une poêle à fond épais, chauffer le beurre et l'huile de cuisson. Saisir vivement les gésiers, puis les mettre dans une casserole. Saisir ensemble les oignons, l'ail et les carottes, puis déposer sur les gésiers. Verser la macération, laisser mijoter quelques minutes, puis ajouter le fond de volaille et le bouquet garni. Cuire doucement. Lorsque les gésiers seront tendres, rectifier l'assaisonnement.

• Ouvrir les vol-au-vent, garnir du sauté, puis poser les chapeaux dessus.

Ratafia d'abricots

PRÉPARATION : 20 MIN

- 240 g (8 oz) de noyaux d'abricots, écrasés
- 1 litre (4 tasses) de rhum blanc ou d'eau-de-vie à 45 degrés
- 2 blancs d'œufs
- 500 g (2 tasses) de sucre cristallisé blanc

• Dans un bocal à large ouverture, déposer les noyaux d'abricots, puis recouvrir avec le rhum blanc. Fermer le bocal, laisser macérer 3 semaines, décanter, puis filtrer à l'aide d'un filtre à café. Si le liquide reste trouble, le purifier en y ajoutant le blanc d'œuf. Laisser reposer 24 h, décanter et filtrer de nouveau.

• Faire un sirop avec le sucre cristallisé dissout dans un peu d'eau bouillante. Laisser refroidir, ajouter le sirop au produit de macération et compléter avec de l'eau pour obtenir 1 litre (4 tasses) de liqueur. Bien agiter le tout. Laisser vieillir quelques mois. On prépare de la même façon les ratafias de noyaux de cerises, de pêches ou de prunes.

Millefeuille aux abricots, crème légère au thé Earl Grey

4 portions • Temps de cuisson : 20 min • ❸

PRÉPARATION : 30 MIN

INGRÉDIENTS

CRÈME LÉGÈRE AU THÉ

- 250 ml (1 tasse) de lait
- 60 g (1/4 tasse) de sucre
- 6 g de thé Earl Grey
- 2 jaunes d'œufs
- 20 g de fécule
- 1 feuille de gélatine
- 125 ml (1/2 tasse) de crème épaisse (35 %)
- 300 g (10 oz) de pâte feuilletée

MONTAGE

- Abricots
- Sucre glace

• Faire bouillir le lait et la moitié du sucre. Retirer du feu, ajouter le thé et infuser 5 min. Passer le lait au chinois. Blanchir les jaunes d'œufs, le reste du sucre et la fécule. Refaire bouillir le lait et verser en remuant sur les jaunes. Remettre dans la casserole et cuire 1 min. Ajouter la gélatine préalablement gonflée dans l'eau et égouttée. Verser la crème pâtissière dans un cul-de-poule et la laisser tempérer en remuant régulièrement. Monter la crème épaisse au malaxeur jusqu'à formation de pics mous et incorporer celle-ci à la crème pâtissière tempérée. Réserver au froid quelques heures.

PÂTE FEUILLETÉE

• Étendre de la pâte feuilletée achetée chez le pâtissier à une épaisseur d'environ 1 cm (1/2 po). Mettre la pâte sur une plaque au froid au moins 1 h. Cuire la pâte (surmontée d'une grille pour l'empêcher de trop lever) à 190 °C (375 °F) environ 20 min. Laisser la pâte refroidir avant de la détailler.

MONTAGE POUR 1 PORTION

• Couper la pâte en 3 rectangles égaux et les abricots en quartiers. À l'aide d'une poche, dresser la crème légère sur 2 des rectangles de pâte. Garnir d'abricots. Superposer les 2 rectangles de pâte et terminer avec le troisième. Saupoudrer de sucre glace.

AIRELLE

CANNEBERGE

AIRELLES – ATOCAS – CANNEBERGES

Famille : Éricacées

AUTRES VARIÉTÉS

Airelle des marais, *Vaccinium uliginosum*
(Bog blueberry)
Airelle en corymbe, *Vaccinium corymbosum*
(Highbush blueberry)
Airelle gazonnante, *Vaccinium cespitosum*
(Dwarf blueberry)
Airelle vigne d'Ida, *Vaccinium vitis-idaea*
(Cowberry ; mountain cranberry)
Petit atoca (canneberge), *Vaccinium oxycoccos*
(Small cranberry)
Gros atoca (canneberge), *Vaccinium macrocarpon*
(Large cranberry)

UTILISATION EN CUISINE ET EN PÂTISSERIE

Garnitures pour les gibiers, poissons.
Compotes, confitures, gâteaux, gelées, glaces, sorbets.

USAGE THÉRAPEUTIQUE

Usage interne : artériosclérose, coronarite, diabète, diarrhée, dysenterie, entérites, foie, hémorragie par fragilité capillaire, insuffisance biliaire, ménorragie, rétinopathie, séquelles d'infarctus, urémie.
Usage externe : aphtes, eczéma, muguet, pharyngite, stomatite.

L'airelle est une petite baie globuleuse, farineuse et acidulée qui devient rouge à maturité, généralement en septembre. Sa floraison a lieu au printemps (airelle vigne d'Ida) ou au début de l'été (petits et gros atocas) ; ses fleurs en clochettes sont blanches ou roses. Espèce nordique, très fréquente, l'airelle vigne d'Ida s'étend, au Québec, de l'île d'Orléans jusqu'à la toundra.

Le petit atoca est un arbuste nain, plus petit mais plus fréquent que le gros atoca. On appelle parfois le petit atoca « airelle canneberge » ; et le gros atoca, « airelle à gros fruits ». Les fruits du petit et du gros atoca se ressemblent beaucoup ; d'ailleurs on les utilise de la même façon.

Airelles et atocas (canneberges) font partie de la même famille que les bleuets, mais la canneberge est beaucoup plus acidulée que l'airelle. C'est une baie ovale et rouge, deux fois plus grosse qu'un bleuet. D'autres représentants de la famille des Éricacées vivent en Amérique du Sud : le gualicon (*Cerastotena grandiflora*), qui ressemble à une myrtille allongée ; le taglli (*Pernettya parvifolia*), qui pousse sur les parois désertiques et sous l'herbe sèche.

Œufs au lait de coco à la poudre d'atoca

4 portions • Temps de cuisson : 8 min • ❷

PRÉPARATION : 15 MIN

Le curcuma frais est un rhizome orangé de la famille du gingembre. Il a un goût très prononcé. On le trouve dans les épiceries asiatiques. On peut le remplacer par du curcuma moulu.

• Éplucher et émincer 5 échalotes. Éplucher et dégermer les gousses d'ail. Couper les piments en deux et épépiner à l'aide d'un couteau pour éviter tout contact avec les doigts. Dans le mélangeur, mixer vigoureusement les échalotes, l'ail, les piments, le gingembre et le curcuma pour obtenir une pâte épicée.

• Dans une casserole, porter le lait de coco à ébullition, puis incorporer la pâte épicée, la pointe de curcuma et les œufs. Laisser mijoter 5 min et réserver.

• Éplucher les 8 autres échalotes et cuire à l'eau salée en les gardant croquantes. Bien égoutter dans du papier absorbant, puis saisir dans une friture d'huile à 235 °C (455 °F). Laisser égoutter sur du papier absorbant tout en les gardant au chaud.

• Pulvériser les atocas au moulin à café. Pour terminer le plat, ajouter le jus de tamarin, incorporer les échalotes, rectifier l'assaisonnement et saupoudrer de poudre d'atoca.

INGRÉDIENTS

- **13 petites échalotes sèches**
- **3 gousses d'ail**
- **5 petits piments mexicains forts**
- **30 g (1 oz) de gingembre frais, pelé et émincé**
- **1/4 c. à café (1/4 c. à thé) de curcuma frais, pelé et émincé**
- **500 ml (2 tasses) de lait de coco**
- **1 pointe de curcuma moulu**
- **8 œufs durs**
- **Huile à friture**
- **100 g (3 1/2 oz) d'atocas déshydratés non sucrés**
- **1 c. à soupe de jus de tamarin**
- **Sel**

Côtes de caribou aux atocas

4 portions • Temps de cuisson : 10 min • ❷

PRÉPARATION : 20 MIN

Il est important de hisser le caribou au rang culinaire qu'il mérite puisqu'il s'agit certainement de l'un des meilleurs gibiers du monde. Sa nourriture est diversifiée et son système circulatoire rapide donne à sa chair une particularité exceptionnelle. Si l'animal est jeune, on n'a pas besoin de couteau pour couper ses muscles nobles. Évitez la marinade, sauf si l'animal est âgé.

• Saler et poivrer les côtes de caribou. Dans une poêle en fonte ou à fond épais, bien chauffer l'huile et le beurre. Saisir les côtes de chaque côté jusqu'à belle coloration. Ralentir la cuisson jusqu'au degré désiré : saignant, 52 °C (125 °F) ; à point, 56 °C (133 °F) ; bien cuit, plus de 60 °C (140 °F). Il n'est pas recommandé de servir la viande bien cuite : elle sera plus dure. Retirer les côtes et garder au chaud.

• Enlever l'excédent de gras de cuisson et déposer les échalotes dans la poêle. Déglacer au vin rouge. Ajouter la sauce grand veneur, la liqueur d'airelle et les atocas. Rectifier l'assaisonnement et laisser mijoter sans que la sauce dépasse 85 °C (185 °F), sinon les fruits éclateront.

• Disposer les côtes au fond des assiettes et napper de sauce. Cœurs de quenouilles, crosnes, purée de marrons et céleri-rave font d'excellentes garnitures.

INGRÉDIENTS

- **4 côtes de caribou (si l'animal est âgé) avec os de 180 g (6 oz) chacune ou 8 côtelettes de caribou (si l'animal est jeune) avec os de 90 g (3 oz) chacune**
- **Sel et poivre du moulin**
- **6 c. à soupe d'huile de cuisson**
- **120 g (1/2 tasse) de beurre non salé**
- **3 échalotes sèches, hachées finement**
- **175 ml (3/4 tasse) de vin rouge corsé**
- **250 ml (1 tasse) de sauce grand veneur (recette de base)**
- **80 ml (1/3 tasse) de liqueur d'airelle (L'Airelle du Nord, à la SAQ)**
- **150 g (5 oz) d'atocas frais**

INGRÉDIENTS

Liqueur d'atoca

PRÉPARATION : 20 MIN

- 1,5 kg (3 lb 5 oz) d'atocas frais
- 200 g (7 oz) de framboises mûres
- 100 g (3 ½ oz) de feuilles d'atocas (facultatif)
- 1 bâton de cannelle
- 1 clou de girofle
- 1 litre (4 tasses) de rhum blanc à 40 degrés
- 480 g (2 tasses) de sucre cristallisé blanc
- 160 ml (⅔ tasse) d'eau distillée

• Bien laver les atocas et égoutter. Dans un bocal à large ouverture, mettre les atocas, les framboises, les feuilles d'atocas, la cannelle et le clou de girofle. Ajouter le rhum blanc. Fermer hermétiquement et laisser macérer 45 jours. Conserver à la cave.

• Après cela, égoutter les fruits sans les presser pour recueillir le jus limpide. Mélanger le sucre et l'eau, porter à ébullition et laisser refroidir, puis mêler délicatement au jus d'atocas. Verser dans des bouteilles opaques. Bien boucher et ne pas consommer avant 2 mois.

Nougat glacé aux canneberges et aux pacanes

PRÉPARATION : 30 MIN

4 portions • Temps de cuisson : 10 min

- 125 g (½ tasse) de sucre
- 100 g (3 ½ oz) de pacanes, grillées
- 2 jaunes d'œufs
- ½ c. à café (½ c. à thé) de cardamome
- 125 ml (½ tasse) de fromage mascarpone
- 2 blancs d'œufs
- 250 ml (1 tasse) de crème épaisse (35 %)
- 75 g (½ tasse) de canneberges séchées
- 150 g (1 tasse) de canneberges fraîches
- 60 g (¼ tasse) de miel

• Mettre 60 g (¼ tasse) de sucre dans une petite casserole, couvrir d'eau et cuire jusqu'à caramélisation. Ajouter les pacanes, bien les enrober de caramel et étendre sur une plaque couverte de papier sulfurisé. Laisser refroidir et hacher la nougatine.

• Au malaxeur, blanchir les jaunes d'œufs, 25 g de sucre et la cardamome. Incorporer les jaunes montés au mascarpone. Monter ensuite les blancs d'œufs en les serrant avec le sucre restant. Monter finalement la crème molette (pas trop ferme). Incorporer successivement les blancs et la crème à l'appareil au mascarpone. Plier la nougatine et les canneberges dans l'appareil et mouler dans un récipient couvert d'une pellicule plastique. Conserver 24 h au congélateur.

MONTAGE

• Chauffer le miel et ajouter les canneberges. Cuire jusqu'à ce qu'elles éclatent et tombent en compote. Sortir le nougat du congélateur 2 min avant de servir. Couper le nougat et le servir avec les canneberges chaudes.

Biscuits au chocolat et aux noisettes, crème au chocolat et poêlée de canneberges

INGRÉDIENTS

PRÉPARATION : 30 MIN

4 portions • Temps de cuisson : 10 min

- 4 œufs
- 180 g (3/4 tasse) de sucre
- 150 g (5 oz) de chocolat noir
- 240 g (1 tasse) de beurre
- 120 g (1/2 tasse) de farine, tamisée
- 75 g (2 1/2 oz) de noisettes, hachées grossièrement

CRÈME DE CHOCOLAT

- 175 ml (3/4 tasse) de crème épaisse (35 %)
- 150 g (5 oz) de chocolat au lait

GARNITURE

- 60 g (1/4 tasse) de miel
- 100 g (2/3 tasse) de canneberges fraîches ou congelées

• Au malaxeur, blanchir les œufs et le sucre. Faire fondre le chocolat et le beurre au micro-ondes par intervalles de 30 sec. Diminuer la vitesse du malaxeur et incorporer le chocolat et le beurre aux œufs, puis la farine et les noisettes.

• Cuire 10 min à 180 °C (350 °F) dans un moule beurré tapissé de papier à cuisson.

CRÈME AU CHOCOLAT

• Faire bouillir la crème et la verser sur le chocolat dans un cul-de-poule. Bien émulsionner la ganache au fouet. Couvrir le cul-de-poule d'une pellicule plastique et mettre au froid au moins 2 h.

• Pour servir, fouetter la crème légèrement en veillant à ce qu'elle ne devienne pas granuleuse.

MONTAGE

• Garnir chaque portion de biscuit de crème au chocolat.

• Dans une poêle, chauffer le miel et poêler les canneberges jusqu'à ce qu'elles éclatent. Servir les canneberges chaudes avec le biscuit.

BLEUET
AMÉLANCHIER
MYRTILLE

BLEUETS – MYRTILLES – AMÉLANCHIERS

Vaccinium angustifolium (Blueberry)
Vaccinium myrtilloides (Sour-top blueberry)
Famille : Éricacées

AMÉLANCHIERS AU QUÉBEC

Amélanchier bas, *Amelanchier humilis* (Low shadbush)
Amélanchier de Bartram, *Amelanchier bartramiana* (Bartram's shadbush)
Amélanchier glabre, *Amelanchier laevis* (Glabrous shadbush)
Amélanchier sanguin, *Amelanchier sanguinea* (Shadbush)
Amélanchier stolonifère, *Amelanchier stolonifera* (Stoloniferous shadbush)

UTILISATION EN CUISINE ET EN PÂTISSERIE

Accompagne les gibiers à plume et certaines charcuteries.
Chocolat, confiseries, confitures, gâteaux, gelées, liqueur, pâte de fruits, vinaigre.

USAGE THÉRAPEUTIQUE

Usage interne : artériosclérose, coronarite, diabète, diarrhée, dysenterie, entérites, foie, hémorragie par fragilité capillaire, insuffisance biliaire, ménorragie, rétinopathie, séquelles d'infarctus, urémie.
Usage externe : aphtes, eczéma, muguet, pharyngite, stomatite.

Notre bleuet est un joli canadianisme qui désigne en France la baie de l'airelle, ou myrtille (*Vaccinium myrtillus*). La «myrtille d'Amérique» se distingue cependant de la myrtille européenne par sa plus haute taille et par la grosseur de ses fruits. Cela dit, les baies des deux espèces sont nettement plus savoureuses à l'état sauvage. Chez nous, le bleuet est un arbrisseau qui ne dépasse pas soixante centimètres de haut, dont les feuilles deux fois plus longues que larges prennent à l'automne des teintes magnifiques, pourpres ou dorées. Les fleurs gracieuses ont la forme de petits grelots blancs ou rosés. Le fruit est astringent, tonique et antiseptique. De plus, il contient un pigment qui favoriserait la régénération du pourpre rétinien et rendrait leur tonus aux yeux fatigués. Les bleuets, ainsi que les myrtilles, airelles et canneberges, supportent très bien la congélation et la déshydratation.

Toutes les recettes avec les bleuets peuvent aussi être faites avec des baies d'amélanchier. Cet arbuste mériterait d'être cultivé en haies à cause de sa beauté au moment de la floraison. L'amélanchier produit des fruits presque noirs, sucrés et juteux, d'une grande finesse, qui font d'excellentes gelées ou confitures, mais aussi des garnitures pour gibiers, volailles, poissons et crustacés.

Crêpes de pommes de terre aux bleuets

4 portions • Temps de cuisson : 10 min • ❷

PRÉPARATION : 20 MIN

Ces crêpes peuvent servir de garniture aux mets à base de gibier.

• Cuire les pommes de terre à l'eau salée et les réduire en purée à l'aide du moulin à légumes. Ajouter le lait à la purée encore chaude et laisser refroidir. Ajouter ensuite la farine en remuant énergiquement. Incorporer les œufs entiers et les blancs d'œufs. Saler et poivrer. À l'aide d'une spatule, incorporer de la crème jusqu'à ce que la consistance soit semblable à celle d'une crème pâtissière. Incorporer les bleuets déshydratés.

• Régler le four à 220 °C (425 °F). Chauffer le beurre fondu dans une plaque à pâtisserie. Lorsqu'il est très chaud, déposer un peu de pâte à l'aide d'une cuillère afin de former des ronds réguliers. Mettre au four et retourner lorsqu'une belle couleur dorée apparaît sur le côté cuisson. Déposer les crêpes cuites dans une assiette et réserver au chaud.

• Pendant la cuisson, à l'aide d'un malaxeur, émulsionner 2 c. à soupe d'eau bouillante avec le jus de citron, tout en incorporant petit à petit le beurre en pommade. Saler et poivrer au goût. Disposer les crêpes dans les assiettes et verser le beurre au citron autour. Parsemer de ciboulette.

INGRÉDIENTS

- 300 g (10 oz) de pommes de terre Idaho, épluchées
- 250 ml (1 tasse) de lait
- 90 g (1/2 tasse) de farine tout usage
- 2 œufs entiers
- 2 blancs d'œufs
- Sel et poivre blanc moulu
- 6 c. à soupe de crème épaisse (35 %)
- 150 g (5 oz) de bleuets déshydratés
- 180 g (3/4 tasse) de beurre non salé, clarifié
- 2 c. à soupe d'eau bouillante
- Le jus d'un citron
- 120 g (1/2 tasse) de beurre frais en pommade
- 60 g (2 oz) de ciboulette, ciselée

Grenadins de veau aux bleuets

INGRÉDIENTS

PRÉPARATION : 20 MIN

4 portions • Temps de cuisson : 10 min • ❷

- 12 grenadins de veau de 60 g (2 oz) chacun
- Sel et poivre du moulin
- 160 g (2/3 tasse) de farine
- 240 g (1 tasse) de beurre non salé
- 80 ml (1/3 tasse) d'huile de cuisson
- 2 échalotes sèches, hachées finement
- 6 c. à soupe de vin blanc
- 6 c. à soupe de porto rouge
- 175 ml (3/4 tasse) de fond de veau brun, lié ou demi-glace
- 150 g (1 tasse) de bleuets frais

Le grenadin de veau peut être comparé au tournedos de bœuf. Ce morceau de filet mignon de veau de lait a 2,5 cm (1 po) de largeur et 2 cm (3/4 po) d'épaisseur. La viande est très moelleuse : il s'agit de la partie la plus tendre de l'animal.

• Mettre les grenadins sur du papier absorbant. Saler et poivrer uniformément des deux côtés. Étaler la farine dans un plat. Chauffer la moitié du beurre et l'huile dans une poêle à fond épais. Fariner chaque grenadin et les déposer au fur et à mesure dans la poêle chaude. Une fois saisis, ils seront d'une belle couleur dorée. Baisser le feu pour que la cuisson se fasse lentement. La température devra atteindre 70 °C (158 °F) à cœur.

• Retirer les grenadins et réserver au chaud, mais sans poursuivre la cuisson. Jeter le gras de cuisson, puis mettre les échalotes, le vin et le porto dans la poêle. Réduire de moitié et ajouter le fond de veau. Laisser mijoter de 2 à 3 min. Monter la sauce avec le beurre restant. Mettre les bleuets dans la sauce. La température ne doit pas dépasser 85 °C (185 °F), sinon les fruits éclateront. Ce plat est excellent avec un gratin dauphinois.

Espadon grillé, sauce hollandaise aux bleuets

4 portions • Temps de cuisson : 15 min • ❸

PRÉPARATION : 30 MIN

La chair de l'espadon est savoureuse mais compacte. C'est pourquoi il faut lui accorder un temps de repos après la cuisson. Et il ne faut surtout pas le faire trop cuire.

• Bien envelopper l'espadon dans du papier absorbant et réserver au moins 1 h pour enlever le maximum d'humidité. Saler et poivrer de chaque côté, puis badigeonner légèrement avec l'huile.

• Saisir le poisson de chaque côté sur la partie très chaude du gril. Déplacer ensuite le poisson dans la zone du gril où la chaleur est moyenne. Quand la température atteint 70 °C (158 °F), mettre le poisson 5 min dans la zone où la chaleur est la plus douce pour le laisser reposer.

• Pendant la cuisson, préparer la sauce hollandaise. À l'aide du moulin à café, pulvériser les bleuets déshydratés et les ajouter à la sauce.

• Servir le poisson avec des pommes de terre cuites à la vapeur. La sauce doit toujours être servie à part, sinon elle pourrait tourner à cause de la chaleur.

• Le barbecue ou le gril d'intérieur doit toujours posséder trois zones de chaleur : feu vif, moyen et doux.

• Rien n'est plus désagréable que de voir les grillades de viande ou de poisson quadrillées de lignes carbonisées dues à un feu trop intense.

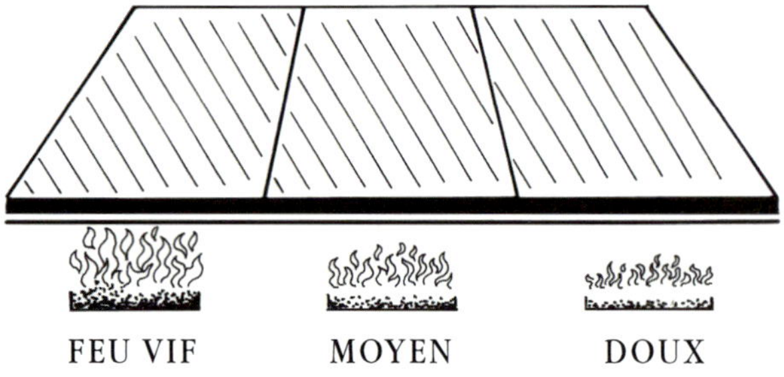

INGRÉDIENTS

- 4 pavés d'espadon de 150 à 180 g (5 à 6 oz) chacun
- Sel marin et poivre du moulin
- 6 c. à soupe d'huile d'arachide
- 375 ml (1 ½ tasse) de sauce hollandaise (recette de base)
- 120 g (4 oz) de bleuets déshydratés

Suprêmes de poulet aux bleuets

4 portions • Temps de cuisson : 30 à 40 min • ❷

PRÉPARATION : 30 MIN

INGRÉDIENTS

- 4 suprêmes de poulet avec manchons, sans peau
- Sel et poivre du moulin
- 6 c. à soupe d'huile de cuisson
- 175 ml (3/4 tasse) de jus de bleuet
- 175 ml (3/4 tasse) de vin rouge tannique
- Le jus d'un citron
- 12 petits oignons chipolatas ou 32 petits oignons de semence frais
- 1 bouquet garni
- 1 carotte entière
- 1 cube de glace de volaille ou de concentré de poulet du commerce
- 32 pommes de terre parisiennes
- Veloutine (liant vendu dans le commerce)
- 1 branche de céleri, en morceaux
- 200 g (1 1/3 tasse) de bleuets
- 100 g (3 1/2 oz) de petits croûtons
- 30 g (1 oz) de ciboulette, ciselée

Les suprêmes avec manchons sont des poitrines de poulet auxquelles on a laissé le petit os de l'aile.

• Saler et poivrer les suprêmes de poulet. Dans une poêle à fond épais, chauffer l'huile et faire dorer le poulet. Déposer dans un récipient suffisamment grand pour le faire mariner et laisser refroidir. Ajouter le jus de bleuet, le vin, le jus de citron, les oignons, le bouquet garni, la carotte et la glace de volaille. Couvrir d'une pellicule plastique et laisser macérer sur le comptoir quelques heures.

• Verser dans un rondeau et cuire à 85 °C (185 °F) jusqu'au moment où la température des suprêmes atteindra 75 °C (167 °F) à cœur. Retirer les suprêmes et toutes les garnitures. Dans le même rondeau, cuire les pommes de terre et lier avec la veloutine à la consistance voulue. Rectifier l'assaisonnement, puis remettre les suprêmes de poulet. Ajouter les oignons, le céleri, les carottes et les bleuets. Laisser mijoter quelques minutes et servir très chaud dans des assiettes creuses. Parsemer de petits croûtons et de ciboulette.

Sirop de bleuet

PRÉPARATION : 30 MIN

- 1 kg (2 lb) de bleuets bien mûrs, lavés
- 3 litres (12 tasses) d'eau distillée
- 500 g (2 tasses) de sucre cristallisé blanc

• Verser les bleuets et l'eau dans une marmite. Cuire 3 min à feu vif ; les fruits éclateront d'eux-mêmes. Passer ensuite à la passoire et laisser fermenter le jus 24 h.

• Passer de nouveau délicatement le jus fermenté à la passoire tapissée d'un linge qui fera office d'étamine. Peser la quantité de jus et ajouter 500 g (2 tasses) de sucre par 500 g (1 lb) de jus. Bien mélanger et laisser chauffer jusqu'au premier bouillon. Laisser refroidir complètement avant de mettre en bouteille.

Sablés bretons avec crème au chèvre frais et nougatine

6 portions • Temps de cuisson : 10 min • ❸

INGRÉDIENTS

PRÉPARATION : 50 MIN

SABLÉS BRETONS

- 3 jaunes d'œufs
- 120 g (½ tasse) de sucre
- 180 g (1 tasse) de farine
- 10 g (⅓ oz) de levure chimique (poudre à pâte), tamisée
- 120 g (½ tasse) de beurre salé à température ambiante

CRÈME AU CHÈVRE FRAIS

- 120 g (4 oz) de fromage de chèvre frais
- 25 g (1 oz) de sucre glace
- 125 ml (½ tasse) de crème épaisse (35 %)

NOUGATINE

- 80 g (⅓ tasse) de sucre
- 3 c. à soupe d'eau
- 200 g (7 oz) de pistaches, écalées et grillées

GARNITURE

- 120 g (4 oz) de bleuets frais ou congelés
- 60 ml (¼ tasse) de miel

• Au malaxeur, blanchir les jaunes d'œufs et le sucre. Incorporer la farine et la levure. Ajouter le beurre et arrêter le malaxeur dès que la pâte semble homogène. Étaler une épaisseur de pâte d'environ 1,5 cm (⅔ po) entre 2 feuilles de papier de cuisson. Laisser reposer 3 h au froid.

• Découper à l'aide d'un emporte-pièce de 6 cm (2 ½ po). Cuire les sablés au four environ 10 min à 150 °C (300 °F) dans des cercles métalliques. Laisser refroidir et démouler.

CRÈME AU CHÈVRE FRAIS

• Dans un malaxeur ou au fouet, mélanger le fromage et le sucre glace à vitesse moyenne. Incorporer graduellement la crème et fouetter jusqu'au moment où elle fera des pics mous.

NOUGATINE

• Dans une casserole, cuire le sucre et l'eau pour faire un caramel léger. Ajouter les pistaches et mélanger pour bien les enrober. Étendre sur une plaque à pâtisserie couverte de papier de cuisson. Laisser refroidir avant de hacher grossièrement.

GARNITURE

• Mettre de la crème au fromage au centre du sablé. Dans une poêle, chauffer le miel, ajouter les bleuets et chauffer quelques secondes pour les attendrir. Verser les bleuets autour des sablés et saupoudrer de nougatine.

Macarons à la crème au citron et aux bleuets

INGRÉDIENTS

PRÉPARATION : 40 MIN

4 portions • Temps de cuisson : 10 min

MACARONS

- 165 g (5 ½ oz) de poudre d'amande
- 330 g (1 ⅓ tasse) de sucre glace
- 5 blancs d'œufs

CRÈME AU CITRON

- 160 ml (⅔ tasse) de jus de citron
- 3 œufs
- 120 g (½ tasse) de sucre
- 90 g (3 oz) de beurre, en dés
- 1 feuille de gélatine

MONTAGE

- 120 g (4 oz) de bleuets

• Tamiser la poudre d'amande et le sucre.

• Dans un malaxeur, fouetter les blancs d'œufs à vitesse modérée. Lorsqu'ils ont atteint le maximum de volume, incorporer 1 c. à soupe de sucre et fouetter quelques secondes de plus. Les blancs doivent se tenir et être bien lustrés.

• Incorporer les ingrédients secs aux blancs. Mettre la pâte dans une poche à pâtisserie et former des macarons d'environ 5 cm (2 po) de diamètre. Laisser les macarons « croûter » à l'air libre environ 30 min.

• Cuire les macarons 3 min à 180 °C (350 °F), jusqu'au moment où ils auront bien levé. Diminuer la chaleur à 160 °C (325 °F) et cuire 6 min de plus. Laisser refroidir avant de les décoller.

CRÈME AU CITRON

• Dans une casserole, cuire le jus de citron, les œufs, le sucre et le beurre en remuant continuellement à l'aide d'un fouet. Continuer la cuisson jusqu'au premier bouillon. Retirer du feu et ajouter la gélatine.

• Passer la crème au chinois, bien couvrir et mettre au froid.

MONTAGE

• Faire des « sandwiches » avec les macarons, la crème au citron et les bleuets.

CERISE GRIOTTE

CERISE

CERISE SAUVAGE

CERISES – GRIOTTES

Famille : Rosacées

AUTRES CERISIERS

Cerisier de Pennsylvanie ou petit merisier, *Prunus pensylvanica* (Wild red cherry)
Cerisier tardif, *Prunus serotina* (Rum cherry)
Cerisier à grappes, *Prunus virginiana* (Choke cherry)

UTILISATION EN CUISINE ET EN PÂTISSERIE

Canard, poulet, veau.
Compotes, confitures, flans, gâteaux, gelées, sorbets, tartes.
Alcool: brandy, cherry, eau-de-vie, guignolet, kirsch, marasquin.

USAGE THÉRAPEUTIQUE

Anti-infectieux, antiarthritique, antirhumatismal, dépuratif, détoxiquant, diurétique, émollient, immunité, laxatif, minéraux, sédatif, tonique, troubles hépatiques et gastriques.

Nous connaissons environ six cents variétés de cerises réparties en quatre grands groupes : les guignes, les bigarreaux, les griottes et les cerises dites anglaises.

Cependant, les arbres se rattachent à deux espèces : le merisier (*Prunus avium*) et le griottier (*Prunus cerasus*).

Les guignes, fruits du guignier, ressemblent aux merises à la chair tendre, sucrée, juteuse, très appréciées comme fruits de table.

Les bigarreaux (de « bigarrer », car ils sont souvent bicolores, rouge et blanc) sont fermes, doux et croquants. Leur cœur est rouge ou jaune vermillon.

Les cerises dites anglaises, issues de l'hybridation entre le merisier et le vrai cerisier, sont les fruits de table par excellence, tendres et très juteux, de couleur rouge vif ou foncé.

Les griottes viennent du plus petit des cerisiers. Ce sont des cerises à queue courte, à chair molle et très acidulée, à jus coloré. Cette petite cerise, que nous trouvons maintenant au Québec, est excellente en cuisine. Elle entre d'ailleurs dans la confection d'un mets classique de la cuisine : le canard Montmorency.

Sauté de porc aux griottes et aux pommes

4 portions • Temps de cuisson : 30 min • ❸

PRÉPARATION : 20 MIN

INGRÉDIENTS

- 4 pommes russet ou autres pommes à cuire
- 270 g (9 oz) de griottes fraîches ou en conserve
- 120 g (½ tasse) de beurre non salé
- 24 petits oignons blancs de semence
- 1 bouquet garni
- 4 gousses d'ail en chemise
- 6 c. à soupe d'huile de cuisson
- 600 g (1 ¼ lb) de cubes de porc dans l'échine de 2 cm (¾ po) de côté
- Sel et poivre du moulin
- 175 ml (¾ tasse) de vin blanc
- 60 ml (¼ tasse) de pâte de tomates
- 500 ml (2 tasses) de fond de veau brun non lié
- Roux blanc
- 5 c. à soupe de kirsch

• Éplucher les pommes et les couper en dés de 1 cm (½ po) de côté. Dénoyauter les griottes. Chauffer le beurre dans un sautoir et mijoter à 85 °C (185 °F) cerises et pommes. Les cerises doivent cuire sans éclater.

• Éplucher les oignons, préparer le bouquet garni et les gousses d'ail. Chauffer l'huile de cuisson dans une poêle en fonte ou à fond épais. Faire revenir vivement les cubes de porc, saler, poivrer, verser le vin et incorporer la pâte de tomates. Laisser cuire afin d'enlever l'acidité, puis mouiller avec le fond de veau. Ajouter les oignons, le bouquet garni et l'ail. Laisser cuire doucement, jusqu'à ce que la pointe d'un couteau s'enfonce bien dans les cubes de viande. Décanter, lier avec du roux blanc, cuire 10 min et passer à la passoire. Remettre dans la sauce les cubes de porc, les oignons, les cerises et les pommes. Laisser mijoter 5 min et verser le kirsch.

• Servir très chaud avec des pommes de terre vapeur.

Dos de brochet aux salicornes, sauce homardine au jus de cerises

INGRÉDIENTS

PRÉPARATION : 40 MIN

4 portions • Temps de cuisson : 25 min • ❸

- 4 brochetons de 480 à 600 g (1 à 1 ¼ lb) chacun
- 6 c. à soupe d'huile de noisette ou de noix
- 300 g (10 oz) de salicornes
- 3 échalotes sèches, hachées finement
- Sel et poivre du moulin
- 175 ml (¾ tasse) de jus de griottes
- 175 ml (¾ tasse) de Noilly Prat blanc
- 250 ml (1 tasse) de sauce homardine liée ou vendue dans le commerce
- 150 g (5 oz) de griottes, dénoyautées
- Le jus d'un citron
- 100 g (3 ½ oz) de noix de beurre

Il serait préférable de confectionner ce plat avec un brocheton, parce que ses petites arêtes fondent dans la chair. N'utiliser que la partie centrale - la plus épaisse - du brocheton. Bien écailler, laver et éponger le poisson. Conserver dans le réfrigérateur. Goûter les salicornes crues : si elles sont trop salées, les blanchir une ou deux fois.

• Choisir un plat de cuisson dans lequel les brochetons seront assez serrés. Verser l'huile de noisette, répartir les échalotes, puis tapisser avec les salicornes. Saler et poivrer les brochetons et les déposer sur les salicornes, ventre en bas. Verser le jus de griottes et le Noilly Prat. Couvrir d'un papier sulfurisé et cuire à 180 °C (350 °F) jusqu'à atteindre 70 °C (158 °F) à l'arête.

• Pendant la cuisson, chauffer la sauce homardine et y ajouter le fond de cuisson des brochetons. Réduire jusqu'à consistance voulue, puis ajouter les griottes et le jus de citron. Monter au beurre. Rectifier l'assaisonnement.

• Déposer les salicornes au fond de chaque assiette, puis le poisson. Napper de sauce.

Canard Montmorency

4 portions • Temps de cuisson : 30 min • ③

PRÉPARATION : 40 MIN

INGRÉDIENTS

- 2 magrets de canard de 360 à 480 g (12 oz à 1 lb)
- Sel et poivre du moulin
- 5 c. à soupe de kirsch
- 250 ml (1 tasse) de sauce aux griottes (recette de base)
- 120 g (½ tasse) de beurre non salé
- 200 g (7 oz) de griottes, dénoyautées

Le magret est le filet maigre d'oie ou de canard gras fournissant le foie gras. Les magrets de canard mulard ou de canard de Barbarie sont généralement plus tendres à cause de la sédentarité des oiseaux.

• Saler et poivrer généreusement les magrets. Chauffer une poêle ou un sautoir antiadhésif et commencer la cuisson du côté de la peau jusqu'au moment où le magret rejettera un peu de graisse. Diminuer le feu et retourner le magret du côté chair. Cuire doucement afin que la peau soit croustillante. On doit atteindre 54 °C (129 °F) pour une cuisson « à la goutte de sang ». Enlever le gras de cuisson et flamber au kirsch.

• Retirer les magrets et garder au chaud sur la grille afin de détendre la chair. Dans la poêle ou le sautoir, chauffer la sauce aux griottes, monter au beurre, ajouter les griottes. Rectifier l'assaisonnement.

• Verser la sauce au fond de l'assiette, puis couper de belles tranches de magret. Comme garniture, servir des crosnes ou des salsifis.

Sirop de cerise

PRÉPARATION : 40 MIN

- 1 kg (2 lb) de cerises aigres (griottes, etc.)
- 850 g (3 ½ tasses) de sucre cristallisé blanc

Quelques gouttes de ce sirop dans une limonade donne un diabolo aux cerises. Le diabolo se fait aussi à la menthe, à la grenadine et au cassis.

• Bien laver les cerises. Les piler avec les noyaux et les réduire en purée. Les noyaux doivent être concassés. Dans un récipient à grande ouverture, laisser fermenter de 35 à 40 h. Passer ensuite à la passoire et filtrer dans un linge. Le jus doit être limpide.

• Mesurer le jus et ajouter le sucre cristallisé (850 g/3 ½ tasses pour 625 ml/2 ½ tasses de jus). Porter le tout à ébullition 1 ou 2 min. Écumer. Filtrer de nouveau et mettre en bouteilles stérilisées.

Clafoutis aux cerises et glace à la vanille

6 portions • Temps de cuisson : 30 min

INGRÉDIENTS

PRÉPARATION : 40 MIN

APPAREIL

- 75 g (2 ½ oz) de beurre en pommade à température ambiante
- 120 g (½ tasse) de sucre
- 1 œuf
- 1 jaune d'œuf
- 100 g (3 ½ oz) de poudre d'amande
- 1 c. à soupe de fécule de maïs
- 6 c. à soupe de crème épaisse (35 %)

GLACE À LA VANILLE

- 500 ml (2 tasses) de lait
- 250 ml (1 tasse) de crème
- 120 g (½ tasse) de sucre
- 1 gousse de vanille
- 6 jaunes d'œufs

GARNITURE

- 300 g (10 oz) de griottes, coupées en deux et dénoyautées

• Dans un malaxeur, blanchir le beurre et le sucre. Ajouter l'œuf et le jaune. Incorporer en alternant les ingrédients secs et la crème. La pâte peut se conserver 48 h au froid.

GLACE À LA VANILLE

• Faire bouillir la crème, le lait et la moitié du sucre avec la gousse de vanille fondue et grattée. Retirer du feu et laisser infuser 10 min. Blanchir les jaunes d'œufs et l'autre moitié du sucre. Refaire bouillir le lait et la crème et, tout en remuant, verser le liquide chaud sur les jaunes de manière à les tempérer graduellement. Remettre le mélange dans la casserole, à feu moyen. En remuant, cuire jusqu'à ce que la crème nappe bien. Refroidir sur glace et laisser reposer au froid toute la nuit. Le lendemain, turbiner la glace dans une sorbetière.

GARNITURE

• Verser l'appareil à clafoutis aux trois quarts de la capacité de moules beurrés et farinés. Ajouter les griottes. Cuire à 180 °C (350 °F) environ 12 min selon la grosseur des clafoutis. Laisser tiédir avant de démouler. Servir avec la glace à la vanille.

Pain perdu aux épices, confiture de cerise et copeaux de chocolat

4 portions • Temps de cuisson : 45 min • ❸

PRÉPARATION : 30 MIN

Si vous ne trouvez pas de cerises montmorency, vous pouvez leur substituer des cerises bing ou rainier, mais en utilisant seulement 100 g (3 ½ oz) de sucre.

• Dans une casserole, cuire à feu moyen les cerises et le sucre. Après environ 45 min de cuisson, lorsque les cerises semblent cuites et que le liquide est sirupeux, passer le tout au chinois. Remettre le sirop à bouillir, ajouter la pectine et le sucre et cuire environ 1 min. Remettre les cerises et cuire encore 1 min. Refroidir.

APPAREIL À PAIN PERDU

• Dans un bol, bien mélanger le sucre, les zestes et les différentes épices. Ajouter les œufs et les blanchir. Terminer en incorporant le lait.

MONTAGE

• Tremper les tranches de pain dans l'appareil à pain perdu. Dans une poêle antiadhésive, à feu modéré, saisir le pain de tous les côtés jusqu'à ce qu'il soit bien doré. Terminer la cuisson 2 min au four à 180 °C (350 °F). Servir le pain perdu avec la confiture et des copeaux de chocolat.

INGRÉDIENTS

CONFITURE DE CERISE

- 400 g (13 oz) de cerises montmorency, dénoyautées
- 200 g (7 oz) de sucre
- 3 g de pectine (une pointe de couteau)
- 3 g de sucre (une pointe de couteau)

APPAREIL À PAIN PERDU

- 120 g (½ tasse) de sucre
- Le zeste d'un citron
- Le zeste d'une orange
- 1 c. à café (1 c. à thé) de cannelle
- ½ gousse de vanille
- ½ c. à café (½ c. à thé) de chacun : cardamome, muscade, anis étoilé, poivre
- 5 œufs
- 500 ml (2 tasses) de lait

MONTAGE

- Pain brioché, tranché
- Bloc de chocolat, râpé

CERISES DE TERRE

Physalis pruinosa (Ground cherry)

Famille : Solanacées

UTILISATION EN CUISINE ET EN PÂTISSERIE

Accompagne bien le veau et certaines volailles. On utilise son jus réduit avec des poissons comme la baudroie et l'espadon.

Compotes, confitures, gâteaux, gelées, sorbets.

USAGE THÉRAPEUTIQUE

Goutte, jaunisse, lithiase, œdème, rhumatismes, urémie.

La cerise de terre, aussi appelée « amour en cage », fleurit dans les champs calcaires. Son calice renflé contient le fruit à maturité. Cette caractéristique a donné le nom de genre *Physalis*, qui vient du grec *phusan*, « gonfler ». Au Québec, nous utilisons de plus en plus ce petit fruit acidulé. Il est préférable d'enlever la peau plutôt amère. Il existe trois principales espèces du genre *Physalis*, ce qui engendre une certaine confusion. *P. ixocarpa* (tomatillo) donne un gros fruit vert très prisé des Mexicains. Quant à *P. peruviana*, le coqueret du Pérou, son fruit est de la taille d'une cerise. Et *P. pruinosa* est l'espèce au plus petit fruit.

Escalopes de dinde sautées à la compote de cerise de terre

4 portions • Temps de cuisson : 15 min • ❷

PRÉPARATION : 30 MIN

INGRÉDIENTS

- 2 échalotes sèches, hachées finement
- 160 ml (2/3 tasse) de vin blanc
- 300 g (2 tasses) de cerises de terre
- Le jus d'un citron
- Sel et poivre du moulin
- 120 g (1 tasse) de noix de Grenoble, concassées
- 4 escalopes de poitrine de dinde assez épaisses de 150 g (5 oz) chacune
- 70 g (1/3 tasse) de farine tamisée
- 180 g (3/4 tasse) de beurre non salé
- 160 ml (2/3 tasse) de porto blanc
- 6 c. à soupe de jus de volaille brun ou du commerce

• Dans un sautoir, mettre les échalotes et le vin. Réduire de moitié. Ajouter les cerises de terre, le jus de citron, saler, poivrer et cuire doucement pour faire une compote. En fin de cuisson, ajouter les noix de Grenoble et garder au chaud.

• Saler et poivrer les escalopes de dinde, puis les fariner. Chauffer 120 g (1/2 tasse) de beurre dans une poêle à fond épais et saisir les escalopes afin qu'elles prennent une belle couleur dorée, puis diminuer la chaleur pour terminer la cuisson. On ne devrait pas dépasser 80 °C (175 °F) à cœur. Retirer les escalopes et les garder au chaud. Extraire le gras de cuisson, puis déglacer avec le porto. Ajouter le jus de volaille et monter avec le beurre restant. Rectifier l'assaisonnement.

• Verser du jus de dinde au fond de chaque assiette, puis disposer les escalopes. Sur chacune d'elles, faire une quenelle de compote de cerise de terre. Servir avec des haricots verts sautés au beurre.

INGRÉDIENTS

- 800 g (1 lb 10 oz) de cubes de veau de 2 cm (3/4 po) de côté
- Sel et poivre du moulin
- 100 g (3 1/2 oz) de gras de cuisson
- 200 g (7 oz) de grosse mirepoix
- 250 ml (1 tasse) de vin blanc sec
- 175 ml (3/4 tasse) de jus de cerises de terre
- 1 bouquet garni
- 6 c. à soupe de pâte de tomates
- 500 ml (2 tasses) de fond de veau brun non lié ou du commerce
- Roux blanc
- 300 g (10 oz) de cerises de terre

PRÉPARATION : 20 MIN

Sauté de veau aux cerises de terre

4 portions • Temps de cuisson : 50 min • ③

Demander au boucher des cubes de veau dans l'épaule ou le cou. Pour qu'un sauté ne soit pas « sec », il faut des morceaux de viande un peu gras, qui seront plus moelleux.

• Saler et poivrer les cubes de veau. Dans une poêle à fond épais, chauffer le gras de cuisson, puis saisir les cubes de veau afin qu'ils prennent une belle coloration. Déposer dans un petit rondeau, répandre la mirepoix, verser le vin et le jus de cerises de terre. Ajouter le bouquet garni, couvrir d'une pellicule plastique et laisser sur le comptoir 24 h. Il n'y a aucun risque de contamination grâce à l'alcool du vin et à l'acidité des fruits.

• Chauffer le rondeau en y ajoutant la pâte de tomates et le fond de veau. Cuire à 90 °C (195 °F) jusqu'à ce que le veau soit bien tendre.

• À l'aide d'une araignée ou d'une écumoire, retirer la viande et la garder au chaud. Passer le fond de cuisson à la passoire. En incorporant le roux peu à peu, lier la sauce jusqu'à consistance voulue. Rectifier l'assaisonnement, puis ajouter les cerises de terre et les cubes de veau. Chauffer doucement sans atteindre le point d'ébullition pour éviter l'éclatement des fruits.

• Servir en assiettes creuses avec de petites pommes de terre parisiennes vapeur.

Trio de légumes aux cerises de terre

4 portions • Temps de cuisson : 30 min • ❸

PRÉPARATION : 30 MIN

INGRÉDIENTS

- 80 g (1/3 tasse) de beurre non salé
- 360 g (12 oz) de panais, en rondelles
- Sel et poivre du moulin
- 240 g (8 oz) de haricots verts
- 360 g (12 oz) de carottes
- 200 g (7 oz) de cerises de terre
- 20 g (2/3 oz) de ciboulette, ciselée
- 10 g (1/3 oz) de pluches de cerfeuil

Trois légumes, trois modes de cuisson. Les panais n'ont pas besoin d'eau pour cuire; il suffit donc de les couper en fines rondelles. Par contre, les haricots verts exigent beaucoup d'eau salée pour rester bien verts. Lorsqu'ils sont cuits, il faut les rafraîchir pour qu'ils restent croquants. Quant aux carottes, on les cuit à la vapeur, en bâtonnets, dans une marguerite. Elles doivent être croquantes, mais non pas crues. Les cerises de terre resteront à la température ambiante durant une heure ou deux avant la cuisson pour qu'elles puissent bien éclater.

- Chauffer 30 g (1 oz) de beurre dans un sautoir. Ajouter le panais, 60 ml (1/4 tasse) d'eau, saler, poivrer et couvrir. Cuire doucement afin que le peu d'humidité aide à la cuisson. Quand la pointe du couteau entrera facilement dans les rondelles, la cuisson sera parfaite.
- Dans une poêle à fond épais, chauffer le reste du beurre et réunir les panais, les haricots verts, les carottes et les cerises de terre. Sauter à température moyenne de 4 à 5 min afin que les fruits éclatent et répandent leur jus sur les légumes. Ajouter la ciboulette.
- Disposer les pluches de cerfeuil et servir très chaud.

Es siempre este
el antídoto mejor
contra la

Crêpes, compote de cerise de terre et fromage à la crème battue

INGRÉDIENTS

PRÉPARATION : 30 MIN

4 portions • Temps de cuisson : 20 min

- 3 œufs
- 2 ½ c. à soupe de sucre
- Le zeste d'un citron
- 500 ml (2 tasses) de lait
- 200 g (7 oz) de farine
- Une pincée de sel
- 5 c. à café (5 c. à thé) d'huile végétale

COMPOTE DE CERISE DE TERRE

- 240 g (8 oz) de cerises de terre
- 60 g (¼ tasse) de sucre

CRÈME BATTUE AU FROMAGE

- 100 g (½ tasse) de fromage à la crème
- 1 c. à soupe de sucre
- 125 ml (½ tasse) de crème épaisse (35 %)

• Battre les œufs et le sucre avec le zeste. Incorporer le lait. Dans un autre bol, tamiser la farine et le sel. Verser le premier mélange sur les ingrédients secs. Terminer en incorporant l'huile. Conserver 1 h au froid.

COMPOTE DE CERISE DE TERRE

• Dans une casserole, cuire à feu moyen les cerises et le sucre jusqu'à en faire une compote onctueuse. Réfrigérer.

CRÈME BATTUE AU FROMAGE

• Au malaxeur ou avec le fouet, battre le fromage et le sucre. Incorporer en filet la crème et fouetter jusqu'au moment où elle formera des pics.

• Cuire les crêpes dans une poêle antiadhésive. Servir avec la compote de cerise de terre et la crème battue au fromage.

FIGUES

Ficus carica (Fig)

Famille : Moracées

UTILISATION EN CUISINE
ET EN PÂTISSERIE

Les figues sont excellentes avec le foie gras. Cuites au four, elles accompagnent bien les aliments qui exigent de la douceur au palais.
Compotes, confitures, gâteaux, sirops, tartes ; chocolaterie et confiserie.

USAGE THÉRAPEUTIQUE

Diurétique, émollient, laxatif, nutritif, pectoral, tonique.

Les anciens Égyptiens connaissaient les figues, qui entraient dans leur pharmacopée. Les Grecs, quant à eux, croyaient y trouver une source de force et d'agilité.

Le figuier dépasse rarement 5 mètres de haut. Ses grandes feuilles (10 à 20 cm) charnues, vert foncé dessus, vert pâle dessous, possèdent de cinq à six lobes très découpés. C'est la seule plante qui produit ses fruits à l'intérieur d'un réceptacle fermé. La figue n'est donc pas un fruit au sens propre du mot, mais une inflorescence complète. Chaque fleur femelle donne un akène et c'est cette partie fertile qui constitue la chair rose granuleuse interne de la figue. On sait que les Romains gavaient leurs oies avec des figues. Les figues violettes sont utilisées en cuisine et en pâtisserie, alors que, généralement, on fait sécher les figues blanches et vertes.

Foie gras de canard aux figues et aux asperges

4 portions • Temps de cuisson : 10 min • ❷

PRÉPARATION : 20 MIN

INGRÉDIENTS

- **625 ml (2 ½ tasses) de fond brun de canard non lié ou du commerce**
- **4 figues mûres**
- **24 pointes d'asperges vertes**
- **4 tranches de foie gras de canard de 1,5 cm (⅔ po) d'épaisseur et de 150 g (5 oz) chacune**
- **Poivre blanc du moulin**
- **Sel de Guérande**
- **60 ml (¼ tasse) d'armagnac ou de cognac**

Il faut préparer les figues et les asperges la veille du repas.

• Faire réduire le fond de canard de moitié. Verser le fond réduit et tiède sur les figues, serrées les unes contre les autres dans un récipient hermétique allant au four. Couvrir et cuire à 85 °C (185 °F), jusqu'à ce que la pointe d'un petit couteau pénètre très facilement dans la figue. Conserver au réfrigérateur.

• Faire bouillir 1 litre (4 tasses) d'eau, saler et cuire les asperges jusqu'à ce qu'elles soient croquantes. Les rafraîchir, les égoutter et conserver au réfrigérateur, dans un linge.

• Le jour du repas, sortir les figues dès le matin. Une heure avant de servir le foie gras, mettre le récipient avec les figues au four à 160 °C (325 °F).

• Saler légèrement avec du sel ordinaire et poivrer les tranches de foie gras de chaque côté. Dans une poêle antiadhésive, saisir les tranches de foie gras 30 sec de chaque côté. Les conserver au chaud sur une grille, dans le four, le temps de faire la sauce.

• Verser 250 ml (1 tasse) du fond de cuisson des figues dans la poêle, fouetter vivement, ajouter les pointes d'asperges et l'armagnac. Rectifier l'assaisonnement.

• Mettre la sauce et les asperges au fond des assiettes. Déposer sur les asperges, bien à plat, les tranches de foie gras, puis parsemer de quelques grains de sel de Guérande. Disposer une figue par assiette et servir chaud. Une tranche de brioche accompagne bien ce plat.

Riz au lait de chèvre, figue caramélisée et thym citronné

4 portions • Temps de cuisson : 25 min • ③

PRÉPARATION : 20 MIN

INGRÉDIENTS

- 625 ml (2 ½ tasses) de lait de chèvre
- 60 g (¼ tasse) de sucre
- 160 g (5 ½ oz) de riz arborio
- 1 c. à café (1 c. à thé) de thym citronné frais

GARNITURE

- 4 figues
- Sucre granulé

• Dans une casserole, faire bouillir le lait de chèvre et le sucre. Incorporer le riz et diminuer le feu de manière à produire un léger bouillonnement. Remuer régulièrement jusqu'à ce que la consistance soit bien onctueuse et que le riz n'offre plus qu'une légère résistance sous la dent. À la fin de la cuisson, ajouter le thym citronné. Étendre sur une plaque à pâtisserie et couvrir de pellicule plastique. Conserver au froid.

GARNITURE

• Couper les figues en deux et les saupoudrer de sucre. À l'aide d'une torche au propane, les caraméliser comme on le fait pour des crèmes brûlées. À défaut de torche, passer les figues quelques secondes sous le gril du four.

• À l'aide d'un cercle, mouler le riz au lait de chèvre, puis déposer dessus les figues caramélisées.

Filet de sébaste, émulsion de figues et figues de Barbarie

INGRÉDIENTS

PRÉPARATION : 20 MIN

4 portions • Temps de cuisson : 8 min • ❷

- 2 figues de Barbarie
- 2 figues mûres
- 80 g (1/3 tasse) de beurre non salé
- Sel et poivre du moulin
- 4 filets de sébaste de 120 g (4 oz) chacun
- 50 g (1/4 tasse) de farine tamisée
- 5 c. à soupe d'huile d'arachide
- 50 g (1/5 tasse) de beurre non salé
- Le jus d'un citron
- 45 g (1 1/2 oz) d'amandes effilées, grillées
- 80 g (1/3 tasse) de beurre non salé, chaud

• Couper les figues de Barbarie en deux et en extraire le jus sans écraser les pépins. Conserver. Couper les autres figues en quatre. Chauffer le beurre dans une poêle antiadhésive et cuire doucement les figues en les retournant délicatement. Saler, poivrer et garder au chaud.

• Bien éponger les filets de sébaste. Les saler, les poivrer et les fariner. Chauffer l'huile d'arachide avec le beurre, puis cuire les filets en leur donnant une belle couleur dorée. Ralentir la cuisson en arrosant de temps à autre. Arrêter la cuisson à 65 °C (150 °F) à cœur. Durant la cuisson, verser le jus des figues de Barbarie et du jus de citron dans un mixeur avec les amandes. Malaxer rapidement, puis ajouter le beurre chaud. Saler et poivrer.

• Verser l'émulsion au fond de chaque assiette. Déposer le filet de sébaste et garnir avec les figues cuites au beurre. On peut aussi ajouter de petites pommes de terre vapeur.

Oie aux figues

4 portions • Temps de cuisson : 120 à 150 min • ❸

PRÉPARATION : 40 MIN

INGRÉDIENTS

- 6 c. à soupe d'huile d'arachide
- 2 oies entières de 2,5 kg (5 ½ lb) chacune
- 1 litre (4 tasses) de vin rouge tannique
- 1 oignon espagnol, en mirepoix
- 1 carotte, en mirepoix
- 1 branche de céleri, en mirepoix
- 4 gousses d'ail
- 1 bouquet garni
- 12 baies de genièvre
- 1 clou de girofle
- 1 feuille de laurier
- 6 c. à soupe d'huile d'olive
- 360 g (12 oz) de figues sèches
- Gros sel et poivre noir en grains
- 1 litre (4 tasses) de fond brun d'oie
- 12 pommes de terre grelots
- Roux blanc
- 100 g (3 ½ oz) de croûtons, en petits dés
- 30 g (1 oz) de persil, haché finement

Cette recette exige une préparation préliminaire de 24 h. Demandez à votre boucher de désosser les oies. Les quatre cuisses serviront à cette recette; les quatre poitrines serviront à une autre recette (Poitrines d'oie aux groseilles, p. 84). Faire couper la carcasse en morceaux pour préparer le fond brun (voir recette de base de fond de gibier brun). Il est important d'incorporer le roux par petites quantités, en laissant bouillir entre les ajouts. Si vous en mettez trop à la fois, vous risquez de faire de la « colle ».

• Dans une poêle à fond épais, chauffer l'huile d'arachide, puis faire colorer les cuisses en commençant par le côté peau. Déposer les cuisses dans un récipient suffisamment grand pour que le vin les recouvre. Faire revenir les légumes en mirepoix dans la poêle où les cuisses ont été colorées. Verser sur les cuisses, puis ajouter l'ail, le bouquet garni, les baies de genièvre, le clou de girofle, la feuille de laurier, l'huile d'olive, les figues, le sel et 10 grains de poivre. Couvrir d'une pellicule plastique et laisser sur le comptoir 24 h ou au réfrigérateur 48 h.

• Retirer les figues de la marinade et les conserver. Verser le reste dans un rondeau, y ajouter le fond d'oie et cuire au four à 90 °C (195 °F) jusqu'à ce qu'on puisse enfoncer et retirer facilement la lame d'un couteau (environ 2 à 3 h, selon la grosseur des cuisses). Retirer les cuisses et garder au chaud. Passer le jus de cuisson à la passoire et cuire les pommes de terre. Les enlever et les conserver au chaud.

• Avec le roux blanc, lier le jus d'oie jusqu'à consistance voulue. Rectifier l'assaisonnement. Passer de nouveau à la passoire. Déposer les cuisses d'oie, les pommes de terre et les figues dans la sauce et laisser mijoter 10 min.

• Servir très chaud en assiettes creuses. Parsemer de croûtons et de persil haché.

Financier aux figues, réduction de vin rouge

4 portions • Temps de cuisson : 20 min

INGRÉDIENTS

PRÉPARATION : 20 MIN

- 75 g (2 ½ oz) de poudre d'amande
- 240 g (1 tasse) de sucre glace
- 80 g (⅓ tasse) de farine
- 7 blancs d'œufs
- ½ gousse de vanille
- Le zeste d'un citron
- 200 g (7 oz) de beurre noisette
- 4 figues

RÉDUCTION DE VIN ROUGE

- 125 ml (½ tasse) de vin rouge
- 120 g (½ tasse) de sucre

• Tamiser la poudre d'amande, le sucre glace et la farine. Dans un malaxeur, à vitesse modérée, ajouter dans l'ordre : les blancs d'œufs, la vanille, le zeste et le beurre noisette. Mélanger juste assez pour rendre le mélange homogène. Mettre la pâte au froid pour quelques heures (elle se conserve durant 3 jours).

• Remplir de pâte à mi-hauteur des moules individuels beurrés et farinés. Disposer sur le dessus une figue tranchée. Cuire à 180 °C (350 °F) environ 12 min.

RÉDUCTION DE VIN ROUGE

• Dans une casserole, à feu modéré, laisser réduire le vin et le sucre jusqu'à consistance sirupeuse. Servir le financier encore tiède avec un peu de réduction de vin autour.

FRAISE
FRAISE SAUVAGE
FRAISE DES BOIS

FRAISES

Fragaria vesca (Strawberry)
Famille : Rosacées

UTILISATION EN CUISINE ET EN PÂTISSERIE
Accompagnement de quelques légumes, certains poissons, sauce aigre-douce.
Chocolat, gâteaux, glaces, granité, mousses, petits fours, sorbets, tartes et tartelettes.

USAGE THÉRAPEUTIQUE
Usage interne : bactéricide, détoxication, diurétique, goutte, hypotenseur, laxatif, rafraîchissant, tonique.
Usage externe : astringent, revitalisant.

Jusqu'au XVIIe siècle, on ne connaissait que les fraises des bois, si petites que c'étaient les enfants qui les récoltaient. Les variétés à gros fruits (*Fragaria chiloensis*) furent ramenées du Chili en France par Amédée-François Frézier. Au Québec, nous trouvons deux espèces de fraisiers (*F. americana* et *F. virginiana*) qui donnent d'excellents fruits. La fraise n'est pas réellement un fruit au sens botanique : les fruits sont les akènes, les petits grains à la surface de la fraise. La chair si délicieuse est une hypertrophie du pédoncule floral, attribuable aux hormones sécrétées par les akènes. Le célèbre naturaliste Linné fut guéri d'une attaque de goutte par des feuilles de fraisier.

Poulet de Cornouailles farci aux girolles, au jus de fraise et de groseille

4 portions • Temps de cuisson : 60 min • ④

PRÉPARATION : 60 MIN

Il n'est pas facile d'utiliser la fraise en cuisine à cause de son taux élevé de sucre. Voilà pourquoi nous utilisons aussi des groseilles dans cette recette, qui apportent une nuance d'acidité fort appréciée. Si vous n'avez pas l'habitude de désosser la volaille, demandez à votre boucher d'apprêter pour vous les petits poulets de Cornouailles.

• Bien laver les girolles et égoutter sur du papier absorbant. Dans une poêle, chauffer l'huile d'olive et saisir les champignons. Ajouter les échalotes, saler et poivrer. Cuire jusqu'à évaporation complète du liquide. Incorporer le cognac et laisser refroidir. Incorporer les girolles à la farce fine de volaille.

• Étaler les poulets, saler et poivrer. Faire une boule de farce, puis reconstituer la volaille en l'enveloppant d'un papier d'aluminium.

• Choisir un plat de cuisson dans lequel les poulets seront un peu serrés. Chauffer l'huile d'olive dans ce plat, puis déposer les poulets. Saler, poivrer et cuire 10 min à 255 °C (490 °F). Retirer la volaille et enlever le papier d'aluminium. Arroser avec le jus de cuisson et remettre au four à 180 °C (350 °F) jusqu'au moment où la température interne atteindra 75 °C (167 °F).

• Pendant la cuisson, extraire le jus des fraises et des groseilles, puis passer à la passoire. Chauffer pour réduire de moitié. Incorporer le fond de volaille et le beurre. Rectifier l'assaisonnement. Si c'est trop sucré, incorporer le jus d'un citron.

• Déposer les poulets au centre des assiettes et napper de sauce. Servir avec des pommes noisettes (petites boulettes de purée de pommes de terre rissolées).

INGRÉDIENTS

- 200 g (7 oz) de girolles fraîches
- 5 c. à soupe d'huile d'olive
- 2 échalotes sèches, hachées finement
- Sel et poivre du moulin
- 60 ml (1/4 tasse) de cognac
- 200 g (7 oz) de farce fine de volaille
- 4 petits poulets de Cornouailles ou autres, désossés par le dos
- 6 c. à soupe d'huile d'olive
- 200 g (7 oz) de fraises
- 200 g (7 oz) de groseilles rouges
- 160 ml (2/3 tasse) de fond de volaille brun non lié ou du commerce
- 120 g (1/2 tasse) de beurre non salé

INGRÉDIENTS

Farce à gratin

PRÉPARATION : 30 MIN

6 à 8 portions • Temps de cuisson : 30 min

- 100 g (3 ½ oz) de graisse de canard
- 240 g (8 oz) de poitrine de porc, en dés
- 300 g (10 oz) de foies de volaille, en morceaux
- 75 g (2 ½ oz) de champignons frais, émincés
- 30 g (1 oz) d'échalotes, hachées
- 100 g (3 ½ oz) de foie gras, en dés (facultatif)
- 6 c. à soupe de cognac
- 4 jaunes d'œufs
- ¾ c. à café (¾ c. à thé) de sel
- Une pincée de poivre
- Une pincée de quatre-épices

Cette farce est idéale pour les jours de fête.

• Dans une poêle, chauffer la graisse de canard et faire revenir la poitrine de porc. Retirer la poitrine et remplacer par les foies de volaille pour les faire revenir à leur tour. Remettre les dés de poitrine et ajouter les champignons et les échalotes. Faire sauter et ajouter le foie gras. Déglacer au cognac.

• Au robot, hacher finement le tout avec les jaunes d'œufs, le déglaçage, le sel, le poivre et le quatre-épices. Réfrigérer la farce jusqu'au moment de son utilisation.

Farce simple

PRÉPARATION : 15 MIN

6 à 8 portions

- 2 tranches de pain, en petits dés
- 160 ml (⅔ tasse) de crème épaisse (35 %)
- 150 g (5 oz) d'épaule de porc
- 150 g (5 oz) de veau
- 150 g (5 oz) de foies de volaille
- 1 œuf
- Sel et poivre blanc moulu

• Mélanger le pain et la crème.

• Passer au hachoir le porc, le veau, les foies de volaille et le pain trempé. Mélanger le tout avec l'œuf, le sel et le poivre. Laisser reposer 1 h.

Filet de doré braisé aux salicornes et au jus de fraise à l'oseille

4 portions • Temps de cuisson : 12 min • ❷

PRÉPARATION : 30 MIN

Demandez à votre poissonnier d'épais morceaux de filets de doré qui resteront très moelleux malgré la cuisson. La salicorne est une petite plante annuelle, vert tendre, devenant rougeâtre à la fin de l'été, qui croît au bord de la mer et dans les marais salés.

• Laver et blanchir deux fois les salicornes selon l'intensité du goût de sel. Chauffer l'huile et faire revenir les oignons. Ajouter les salicornes, poivrer et cuire environ 3 min. Réserver.

• Beurrer avec 100 g (3 ½ oz) de beurre un plat de cuisson dans lequel les filets seront serrés les uns contre les autres. Déposer les salicornes au fond, puis les filets de doré. Saler légèrement et poivrer. Couvrir de papier sulfurisé et cuire au four doucement à 85 °C (185 °F). Le poisson est cuit lorsque le thermomètre indique 70 °C (158 °F) au cœur des filets.

• Pendant la cuisson, mettre les fraises, l'oseille et le fumet de poisson dans un malaxeur. Saler, poivrer et bien mélanger. Rectifier l'assaisonnement. Si l'amertume domine, ajouter quelques fraises; si c'est trop sucré, ajouter des feuilles d'oseille.

• Sortir le poisson du four et le napper de sauce. Servir très chaud.

INGRÉDIENTS

- 200 g (7 oz) de salicornes
- 80 ml (⅓ tasse) d'huile de tournesol ou d'une autre huile neutre
- 2 oignons espagnols, hachés finement
- Poivre du moulin
- 150 g (5 oz) de beurre non salé
- Sel et poivre du moulin
- 4 épais morceaux de filets de doré de 150 g (5 oz) chacun
- 200 g (7 oz) de fraises très mûres
- 30 g (1 oz) de feuilles d'oseille
- 6 c. à soupe de fumet de poisson
- 120 g (4 oz) de tomates, en dés

Liqueur de fraise

PRÉPARATION : 20 MIN

INGRÉDIENTS

- 480 g (1 lb) de fraises mûres
- 480 g (2 tasses) de sucre cristallisé blanc
- 500 ml (2 tasses) d'eau
- 500 ml (2 tasses) d'alcool à 90 degrés
- 2 gousses de vanille
- 20 grains de coriandre

• Bien laver les fraises avec les queues, égoutter sur du papier absorbant et équeuter. Broyer les fraises à l'aide du moulin à légumes. Laisser reposer 1 ou 2 h.

• Dans une casserole, mettre le sucre cristallisé et ajouter l'eau. Porter à ébullition, puis verser immédiatement sur la pulpe des fraises. Transvaser dans un bocal à large ouverture. Ajouter l'alcool, les gousses de vanille et les grains de coriandre. Fermer hermétiquement et conserver à température ambiante de 3 à 4 jours.

• Filtrer, verser dans une bouteille opaque et conserver au moins 2 mois avant de consommer.

Soupe de lait de coco au basilic et au granité de fraises

4 portions • Temps de cuisson : 10 min • ③

PRÉPARATION : 20 MIN

- 250 ml (1 tasse) de crème épaisse (35 %)
- 80 g (1/3 tasse) de sucre
- 10 feuilles de basilic thaï, hachées grossièrement
- 175 ml (3/4 tasse) de lait de coco

GRANITÉ

- 480 g (1 lb) de fraises, lavées, équeutées et coupées en deux
- 60 g (2 oz) de sucre
- 125 ml (1/2 tasse) d'eau
- Fraises, en quartiers

• Faire bouillir la crème et le sucre. Ajouter le basilic et laisser infuser à couvert 10 min. Ajouter le lait de coco et refaire bouillir légèrement. Passer au chinois. Refroidir sur glace.

GRANITÉ

• Dans un cul-de-poule, mélanger les fraises et le sucre. Couvrir d'une pellicule plastique. Cuire environ 2 h au bain-marie légèrement bouillonnant. Passer au chinois pour recueillir le jus. Ajouter l'eau au jus de fraise. Bien refroidir, verser dans un contenant plat et conserver au congélateur.

• Verser la soupe bien froide dans les bols. Garnir de fraises en quartiers et ajouter le granité qu'on aura sorti du congélateur 2 min avant de servir.

Soupe de lait de coco au basilic et au granité de fraises

FRAMBOISES

Rubus idaeus (Raspberry)

Famille : Rosacées

AUTRES VARIÉTÉS

Catherinette, *Rubus pubescens* (Dwarf raspberry)
Framboisier noir, *Rubus occidentalis* (Black raspberry)
Ronce odorante, *Rubus odoratus* (Flowering raspberry)

UTILISATION EN CUISINE ET EN PÂTISSERIE

Certaines sauces ou jus pour foie de veau, œufs, langues et cervelles.
Certains poissons au goût neutre.
Compotes, confitures, gelées, vinaigre.
Eau-de-vie et liqueur.
Chocolat, gâteaux, pâte de fruits et sorbets.

USAGE THÉRAPEUTIQUE

Anhidrose (diminution importante de la transpiration), anxiété, asthénie, constipation, dermatose, dyspepsie, embarras gastro-intestinaux, fièvre, goutte, rhumatismes.

Le framboisier est une ronce. Chaque année surgissent de nouveaux rejets qui vivent deux ans. La seconde année, ils fructifient, puis se dessèchent et meurent. Le mot «framboise» vient du francique *brambasia,* «mûre», qui désignait le fruit de la ronce. La culture du framboisier remonte au Moyen Âge, mais nos ancêtres préhistoriques appréciaient ses fruits délicieux. Comme la fraise, la framboise contient de l'acide salicylique, composé précieux dans la lutte contre les rhumatismes et la goutte. La framboise conserve presque toutes ses qualités malgré la congélation.

Au Québec, nous connaissons le framboisier rouge, le framboisier noir, la ronce odorante, la catherinette. Le framboisier noir peut être cultivé ou sauvage ; la saveur de ses fruits est plus prononcée et plus délicate. La ronce odorante exige beaucoup de patience aux cueilleurs, car ses fruits sont dispersés. Son nom iroquois signifie «vieux soulier», car les coureurs des bois mettaient des feuilles de ronce odorante dans leurs chaussures de peaux pour se protéger les pieds. Quant à la catherinette, son fruit se situe entre la framboise rouge et la mûre.

Foie de veau au vinaigre de framboise

4 portions • Temps de cuisson : 5 min • ❸

PRÉPARATION : 20 MIN

INGRÉDIENTS

- 160 ml (²/₃ tasse) de vinaigre de framboise
- 175 ml (³/₄ tasse) de fond de veau non lié ou du commerce
- Sel et poivre du moulin
- 160 g (²/₃ tasse) de farine
- 240 g (1 tasse) de beurre non salé
- 4 tranches de foie de veau de 150 g (5 oz) chacune
- 2 échalotes sèches, hachées finement
- 5 c. à soupe de vinaigre de framboise
- 60 g (2 oz) de ciboulette, ciselée

Vous pouvez adapter cette recette en utilisant n'importe quel foie que vous aimez. Pour réussir ce plat, les tranches de foie doivent toutes être de la même épaisseur. Un foie saignant est très désagréable en bouche ; un foie trop cuit est insipide. Seul le foie de veau cuit à point (rosé) révélera toutes ses saveurs. Il faut utiliser une poêle en fonte ou à fond épais pour bien saisir les tranches de foie.

• Réduire le vinaigre de framboise de 75 %. Ajouter le fond de veau et laisser mijoter de 4 à 5 min. Saler, poivrer et réserver.

• Saupoudrer une plaque de farine et chauffer 160 g (²/₃ tasse) de beurre dans la poêle. Fariner rapidement les tranches de foie et secouer. Déposer dans le beurre chaud. Saler, poivrer et cuire de 20 à 30 sec de chaque côté, selon l'épaisseur. Le foie doit être à point. Déposer les tranches dans les assiettes.

• Enlever l'excédent de beurre et déglacer avec le vinaigre de framboise. Ajouter la réduction et monter avec 80 g (¹/₃ tasse) de beurre. Ajouter la ciboulette. Verser avec une cuillère autour des tranches de foie. Servir avec une purée de pommes de terre.

Flan de cervelle et jus de veau aux framboises

4 portions • Temps de cuisson : 30 min • ❸

PRÉPARATION : 35 MIN

Plusieurs n'aiment pas la cervelle, mais pourquoi ? Je crois que son aspect les rebute. Pourtant, la cervelle de veau est excellente pour la santé et son goût est très fin.

• Dégorger les cervelles en laissant couler dessus un filet d'eau froide pendant quelques heures afin d'éliminer tout le sang. En travaillant sous un filet d'eau, enlever ensuite la membrane qui les entoure. Lorsqu'il n'y a plus d'impuretés, bien assécher sur du papier absorbant. Mettre les cervelles dans un mélangeur. Ajouter le sel, le poivre, le blanc d'œuf et la crème. Malaxer 1 min, puis passer à la passoire. Laisser reposer 1 h au réfrigérateur.

• À l'aide d'un pinceau, beurrer les ramequins, puis les mettre au réfrigérateur pour durcir le beurre. Verser la préparation dans 4 ramequins et cuire environ 30 min au bain-marie à 180 °C (350 °F), jusqu'à ce que le flan coagule.

• Pendant la cuisson, hacher finement l'oignon, déposer dans une casserole, puis verser la pulpe et le vinaigre de framboise. Réduire de moitié, ajouter le fond de veau. Cuire 10 min, passer à la passoire. Ajouter la crème. Rectifier l'assaisonnement et réserver.

• Verser suffisamment de sauce au fond de chaque assiette. Déposer le flan au centre. Disposer des framboises tout autour et des feuilles de menthe sur chaque flan.

INGRÉDIENTS

- 4 petites cervelles de veau (600 g / 1 1/4 lb en tout)
- Sel et poivre blanc moulu
- 1 blanc d'œuf
- 250 ml (1 tasse) de crème épaisse (35 %) très froide
- 60 g (1/4 tasse) de beurre non salé en pommade
- 60 g (2 oz) de petits oignons espagnols
- 160 ml (2/3 tasse) de pulpe de framboises
- 5 c. à soupe de vinaigre de framboise
- 175 ml (3/4 tasse) de fond de veau brun non lié ou du commerce
- 125 ml (1/2 tasse) de crème épaisse (35 %)
- 16 framboises fraîches
- 12 feuilles de menthe fraîche

Vin de framboise

INGRÉDIENTS

- 400 g (13 oz) de framboises bien mûres
- 1 bouteille de vin de Bordeaux blanc (Graves)
- 900 g (3 ³/₄ tasses) de sucre cristallisé blanc

PRÉPARATION : 15 MIN

• Mettre les framboises et le vin dans un bocal à grande ouverture. Bien fermer et laisser macérer 24 h au réfrigérateur. Filtrer à la passoire en pressant les framboises. Ajouter le sucre et porter à ébullition en tournant fréquemment.

• Laisser refroidir. Filtrer de nouveau et verser dans des bouteilles opaques. Conserver à température de cave au moins 2 mois. Boire ce vin bien frais.

Vinaigre de framboise

PRÉPARATION : 15 MIN

• Lorsque vous faites des gelées avec des framboises ou d'autres fruits à grains, conserver ces grains dans un bocal opaque. Remplir le bocal avec du vinaigre de framboise ou du vinaigre de vin rouge de bonne qualité.

• Fermer hermétiquement et conserver à température ambiante au moins 6 mois.

Confiture de framboises pépins, yaourt et crumble au poivre et au citron

INGRÉDIENTS

PRÉPARATION : 20 MIN

6 à 8 portions • Temps de cuisson : 10 min

CRUMBLE

- 120 g (2/3 tasse) de farine
- 120 g (1/2 tasse) de beurre froid, en cubes
- 120 g (1/2 tasse) de sucre
- 100 g (3 1/2 oz) de poudre d'amande
- Le zeste d'un citron
- 1/2 c. à café (1/2 c. à thé) de poivre frais moulu

CONFITURE DE FRAMBOISE

- 300 g (10 oz) de framboises
- 80 g (1/3 tasse) de sucre
- 5 g de pectine
- 5 g de sucre

YAOURT

- 750 g (3 tasses) de yaourt nature
- 60 g (1/4 tasse) de sucre

• Sabler tous les ingrédients jusqu'au moment où la pâte s'amalgamera en particules de la grosseur d'un pois. Étendre sur une plaque à pâtisserie couverte de papier de cuisson. Réfrigérer 1 h. Cuire à 180 °C (350 °F) environ 6 min en remuant le crumble quelques fois pour que la cuisson soit uniforme. Laisser reposer avant utilisation.

• Dans un verre, alterner en différentes couches la confiture, le yaourt et le crumble.

CONFITURE DE FRAMBOISE

• Cuire les framboises et le sucre à feu moyen jusqu'au moment où le mélange bouillira et que les fruits relâcheront leur jus.

• Passer au chinois, faire bouillir le jus de nouveau et incorporer le sucre et la pectine à l'aide d'un fouet. Cuire 1 min. Ajouter les framboises et cuire 1 min de plus. Conserver au froid.

YAOURT

• Mettre un filtre à café dans une passoire et poser celle-ci sur un cul-de-poule. Mettre le yaourt à égoutter toute la nuit au réfrigérateur. Le lendemain, incorporer le sucre au yaourt.

GROSEILLE
CASSIS
GROSEILLE À
MAQUEREAU

GROSEILLES – CASSIS

Famille : Saxifragacées

AUTRES VARIÉTÉS

Groseillier cultivé, *Ribes grossularia* (Gooseberry bush)

Groseillier des chiens, *Ribes cynosbati* (Wild gooseberry)

Groseillier hérissé, *Ribes hirtellum* (Hairy gooseberry)

Groseillier rouge ou gadellier rouge, *Ribes sativum* (Red garden currant)

Cassis, *Ribes nigrum* (Black currant)

UTILISATION EN CUISINE ET EN PÂTISSERIE

Les groseilles accompagnent très bien les gibiers et sont excellentes en confitures, gâteaux, gelées, jus, liqueurs, pâte de fruits et tartes.

USAGE THÉRAPEUTIQUE

Anxiété, arthrite, dyspepsie, foie, goutte, inflammations digestives et urinaires, rhumatismes.

Le groseillier des jardins est issu du groseillier sauvage. Le groseillier à fruits rouges forme un buisson d'un mètre trente à un mètre cinquante de haut. En juillet et août, les fruits forment de jolies grappes de baies brillantes, roses, rouges, ou d'un blanc-jaune éclatant. Les fruits du groseillier sont très fragiles et doivent être récoltés au bon moment. Cueillis trop tôt, ils sont trop acides ; trop tard, ils s'égrainent. La culture des groseilliers n'est pas très ancienne : elle commença en Hollande au Moyen Âge. Son nom français vient du néerlandais moyen *croesel.* Au Québec, on trouve quelques espèces de groseilliers.

Le kir est un apéritif qui rend hommage au chanoine Kir, ancien député-maire de Dijon. Il s'agit d'un mélange de bourgogne aligoté et de crème de cassis. La baie de cassis, que nous trouvons facilement au Québec, est le petit fruit d'un arbuste pouvant atteindre 1,3 mètre de hauteur. La pulpe renferme de nombreuses graines. Elle est acidulée, juteuse et savoureuse. On l'utilise en pâtisserie et en chocolaterie ainsi que pour fabriquer la crème de cassis, le sirop de cassis et la pâte de fruit. Le cassis est aussi apprécié pour faire des sauces destinées au gibier, à certaines volailles et à quelques poissons.

Côtes de sanglier aux groseilles

4 portions • Temps de cuisson : 15 min • ❸

PRÉPARATION : 30 MIN

Pourquoi faire mariner le sanglier? Pour deux raisons. Le sanglier du Québec étant un animal d'élevage, la marinade améliorera le goût de sa chair, par ailleurs d'excellente qualité. Et puis, si les côtes proviennent d'un animal âgé, la marinade attendrira la viande.

• Déposer les côtes de sanglier dans un plat. Parsemer les oignons, les carottes et le céleri. Ajouter le laurier, le thym, les baies de genièvre, le poivre noir, le vin, le vinaigre, l'huile d'olive, le sel et le poivre. Recouvrir d'une pellicule plastique et laisser macérer de 24 à 36 h.

• Bien égoutter les côtes, puis cuire la marinade jusqu'à réduction de 80 %. Ajouter la sauce grand veneur et laisser mijoter 15 min. Passer à la passoire. Rectifier l'assaisonnement et réserver au chaud. Saler et poivrer les côtes de sanglier. Chauffer le beurre dans une poêle épaisse et saisir les côtes de chaque côté. Ralentir la cuisson à 80 °C (175 °F) à cœur, puis, de 4 à 5 min plus tard, retirer les côtes et réserver. Enlever l'excédent de gras. Ajouter la sauce et les groseilles. Chauffer sans dépasser 85 °C (185 °F), car les groseilles ne doivent pas éclater.

• Déposer les côtes de sanglier dans les assiettes et napper de sauce. Servir avec une purée de céleri-rave.

INGRÉDIENTS

- 4 côtes de sanglier de 150 à 180 g (5 à 6 oz) chacune
- 1 oignon, ciselé
- 1 carotte, en fines tranches
- 1 branche de céleri, en fines tranches
- 1/2 feuille de laurier
- 1 branche de thym
- 8 baies de genièvre
- 8 grains de poivre noir
- 300 ml (1 1/4 tasse) de vin rouge tannique
- 60 ml (1/4 tasse) de vinaigre de vin rouge
- 60 ml (1/4 tasse) d'huile d'olive
- Sel et poivre
- 250 ml (1 tasse) de sauce grand veneur (recette de base)
- 160 g (2/3 tasse) de beurre salé
- 60 ml (1/4 tasse) d'huile d'olive
- 150 g (5 oz) de groseilles rouges

Pouding au pain brioché au cassis et à la muscade

Pouding au pain brioché au cassis et à la muscade

INGRÉDIENTS

PRÉPARATION : 20 MIN

4 portions • Temps de cuisson : 15 à 20 min

- 3 œufs
- 120 g (½ tasse) de sucre
- 250 ml (1 tasse) de lait
- 250 ml (1 tasse) de crème épaisse (35 %)
- Muscade moulue
- 375 g (2 ½ tasses) de pain brioché, en cubes
- 75 g (½ tasse) de baies de cassis

• Blanchir les œufs et le sucre au fouet. Incorporer le lait, la crème et la muscade. Verser sur les cubes de pain et laisser 1 h au froid. Incorporer les baies de cassis. Verser dans des moules antiadhésifs et mettre dans un contenant métallique. Verser de l'eau à mi-hauteur des moules. Cuire au four de 15 à 20 min à 180 °C (350 °F). Servir tiède.

Liqueur de cassis

PRÉPARATION : 20 MIN

- 270 g (9 oz) de baies de cassis mûres
- 1,5 litre (6 tasses) de rhum blanc ou d'eau-de-vie à 45 degrés
- Une pincée de cannelle
- ½ gousse de vanille
- 2 blancs d'œufs
- 480 g (1 lb) de sucre cristallisé blanc
- 6 c. à soupe d'eau bouillante

• Mettre les baies de cassis dans un bocal à large ouverture muni d'un bouchon qui se ferme hermétiquement, puis les recouvrir de rhum. Ajouter la cannelle et la vanille. Laisser macérer 15 jours. Égoutter les baies, puis recueillir le jus en les pressant.

• Décanter puis filtrer à l'aide d'un filtre à café. Si le liquide reste trouble, le clarifier avec du blanc d'œuf. Bien agiter. Laisser reposer 24 h. Décanter et filtrer de nouveau.

• Dissoudre le sucre avec 6 c. à soupe d'eau bouillante. Laisser refroidir.

• Ajouter le sirop au produit de la macération, ainsi que le jus de cassis. Compléter si nécessaire avec du rhum blanc ou de l'eau-de-vie pour obtenir 1 litre (4 tasses) de liqueur. Bien agiter et laisser vieillir quelques mois.

Râble de lapin au cassis

4 portions • Temps de cuisson : 40 min • ❸

PRÉPARATION : 30 MIN

INGRÉDIENTS

- **2 gros râbles de lapin**
- **Sel et poivre du moulin**
- **1 kg (2 lb) d'épinards, bien lavés**
- **100 g (3 ½ oz) de noisettes, grillées et concassées**
- **1 blanc d'œuf**
- **Une pincée de noix de muscade moulue**
- **60 ml (¼ tasse) d'huile d'olive**
- **240 g (1 tasse) de beurre non salé**
- **1 oignon**
- **1 carotte**
- **1 branche de céleri**
- **1 branche de thym**
- **½ feuille de laurier**
- **175 ml (¾ tasse) de vin blanc sec**
- **6 c. à soupe de crème de cassis**
- **175 ml (¾ tasse) de fond de lapin brun ou de fond de veau brun du commerce**
- **200 g (7 oz) de baies de cassis**

Demandez au boucher de désosser les râbles de lapin en concassant bien les os.

• Saler et poivrer l'intérieur des râbles et réserver au réfrigérateur.

• Dans une marmite, faire bouillir 1 litre (4 tasses) d'eau avec ¾ c. à café (¾ c. à thé) de sel. Jeter les épinards dans la marmite et cuire de 5 à 8 min. Rincer à l'eau froide, égoutter et bien essorer en pressant les épinards avec les mains. Hacher les épinards, puis, dans un bol, les mélanger avec les noisettes et le blanc d'œuf. Saler, poivrer et ajouter la muscade.

• Bien étaler les râbles, saler, poivrer. Presser la farce aux épinards partout à l'intérieur des râbles. Refermer avec la chair du bas des râbles.

• Chauffer l'huile d'olive et la moitié du beurre dans un sautoir. Bien faire colorer les râbles de chaque côté, puis mettre au four à 200 °C (400 °F) en arrosant fréquemment. Couper l'oignon, la carotte et le céleri. À mi-cuisson (45 °C / 113 °F au thermomètre à cœur), ajouter les légumes, le thym et le laurier. Laisser cuire de nouveau afin d'atteindre 72 °C (162 °F) à cœur. Enlever les râbles, puis ajouter les os concassés. Faire revenir avec les légumes. Retirer l'excédent de gras, puis ajouter le vin et la crème de cassis. Laisser cuire pour que l'alcool s'évapore, puis verser le fond de lapin. Cuire 20 min et passer dans la passoire. Ajouter les baies de cassis. Monter la sauce avec le reste du beurre et garder la température à 80 °C (175 °F) afin que les baies n'éclatent pas.

• Verser la sauce au fond des assiettes. Découper de belles tranches de râble et les disposer sur la sauce. Délicieux avec de petits haricots verts extrafins.

Poitrines d'oie aux groseilles

4 portions • Temps de cuisson : 60 min ou plus • ❸

PRÉPARATION : 30 MIN

INGRÉDIENTS

- 2 poitrines d'oie d'élevage ou sauvage de 480 à 600 g (1 à 1 ¼ lb) chacune
- 5 à 6 languettes de lard gras de 1 cm de large et de 1 cm de haut (½ x ½ po), de la même longueur que les poitrines, congelées
- 6 c. à soupe d'huile de cuisson
- 300 g (10 oz) de mirepoix assez grosse
- 250 ml (1 tasse) de vin blanc sec
- 175 ml (¾ tasse) de jus de groseille
- 1 bouquet garni
- Sel et poivre du moulin
- 500 ml (2 tasses) de fond de volaille brun non lié ou du commerce
- Roux blanc ou équivalent
- 200 g (7 oz) de groseilles rouges

Si l'oie est sauvage, vous ne la cuisinerez pas de la même façon selon son âge. Jeune, elle n'aura pas besoin de la marinade; mais l'oie plus âgée devra être marinée. Comment le savoir? Généralement, en enfonçant le bout de l'index dans la poitrine. S'il y a peu de résistance, il s'agit d'un jeune oiseau; plus la poitrine est dure, plus l'oie est âgée.

• Piquer les languettes de lard gras dans le sens de la longueur dans chaque poitrine. Dans une poêle à fond épais, chauffer l'huile et saisir les poitrines. Les déposer dans un récipient, puis verser la mirepoix, le vin, le jus de groseille, le bouquet garni, le sel et le poivre. Laisser mariner 24 h si l'oie est âgée, sinon sauter cette étape.

• Mettez tous les ingrédients dans un petit rondeau. Ajouter le fond de volaille, saler, poivrer et cuire à 90 °C (194 °F), jusqu'au moment où on enfoncera facilement un couteau dans la poitrine. Réserver au chaud. Passer le fond de cuisson à la passoire, puis lier avec le roux jusqu'au moment où la sauce aura la consistance voulue. Quelques minutes avant de servir, mettre les groseilles dans la sauce. Laisser mijoter quelques minutes sans faire bouillir afin que les fruits n'éclatent pas.

• Napper le fond des assiettes de sauce, puis escaloper les poitrines. Déposer sur la sauce, puis napper de sauce. Ce plat est très bon avec du riz sauvage.

INGRÉDIENTS

- 4 perdrix sauvages ou d'élevage
- Sel et poivre du moulin
- 4 petites bardes
- 6 c. à soupe d'huile de cuisson
- 200 g (7 oz) de mirepoix
- 6 c. à soupe de marc de Bourgogne
- 175 ml (3/4 tasse) de vin rouge tannique
- 250 ml (1 tasse) de jus de baies de cassis
- 175 ml (3/4 tasse) de fond de gibier brun non lié ou de demi-glace du commerce
- 200 g (7 oz) de baies de cassis
- 80 g (1/3 tasse) de beurre

PRÉPARATION : 20 MIN

Perdrix sautée, sauce au cassis

4 portions • Temps de cuisson : 30 à 40 min • ❸

Perdrix d'élevage ou perdrix sauvage? Aucune comparaison possible: la perdrix sauvage est meilleure, même si la perdrix d'élevage a été très bien nourrie. Il faut d'ailleurs faire mariner celle-ci de 24 à 36 h (voir recette de base de marinade, p. 134). Il est important de bien choisir les ustensiles de cuisson pour les perdrix. Un sautoir est idéal, car les perdrix doivent subir une chaleur intense durant la cuisson. Nous pouvons manger toutes les parties de ce gibier noble. De plus, l'étiquette nous autorise à utiliser nos doigts...

• Saler et poivrer les perdrix à l'intérieur et à l'extérieur, puis les barder pour empêcher la poitrine de sécher (en cuisant, la graisse du lard nourrit la chair). Chauffer l'huile dans le sautoir, puis déposer les perdrix sur le dos. Cuire au four de 8 à 10 min à 255 °C (490 °F). À l'aide d'une cuillère, arroser de temps à autre. Sortir le sautoir et enlever les ficelles du bardage, mais laisser le gras au fond. Ajouter la mirepoix et remettre au four à 150 °C (300 °F) pour atteindre la cuisson «à la goutte de sang». Enlever l'excédent du gras de cuisson et flamber avec le marc de Bourgogne.

• Retirer les perdrix et conserver au chaud. Ajouter le vin et le jus de cassis. Réduire de moitié, puis ajouter le fond de gibier. Laisser mijoter 10 min, puis passer à la passoire en pressant bien. Monter le jus au beurre et ajouter les baies de cassis en ne dépassant pas 85 °C (185 °F) afin que les fruits n'éclatent pas. Rectifier l'assaisonnement.

• Laisser les perdrix sur le dos et servir la sauce à part accompagnée d'un rince-doigts. Chou braisé et pommes de terre sont indiqués.

LITCHIS

Litchi sinensis (Lychee)
Famille : Sapindacées

UTILISATION EN CUISINE ET EN PÂTISSERIE
Accompagne plusieurs mets asiatiques, mais on doit faire ressortir son goût délicat tout en équilibrant le sucre avec un peu d'acidité.
On le mange frais, au sirop ou en confitures.

USAGE THÉRAPEUTIQUE
Fruit riche en vitamine C et en glucides.

Aussi appelé « cerisier chinois », ce bel arbre est originaire d'Asie du Sud-Est. Il peut atteindre de dix à quinze mètres de haut, avec une cime très étendue, des branches pendantes au feuillage persistant qui portent des grappes d'une vingtaine de fruits ovoïdes ou arrondis. Sa capsule rouge écailleuse cache la chair délicate, juteuse et parfumée, gélatineuse et sucrée. Le litchi ne mûrit plus une fois cueilli, aussi faut-il le manipuler avec soin après la récolte.

Le *litchi chinensis* a conservé son nom chinois. On pense qu'il est originaire de Canton. Depuis des siècles, on l'offre comme porte-bonheur pour célébrer le nouvel an. On dit que son goût est un heureux mariage de la rose, de la fraise et du muscat. Le langsat *(Lansium domesticum)* est fort différent du litchi, mais il pourrait s'agir de son cousin germain. Son fruit mûr possède un jus laiteux et sa pulpe blanche est translucide et juteuse.

Poulet aux litchis à la citronnelle

4 portions • Temps de cuisson : 30 min • ❷

PRÉPARATION : 30 MIN

• Dans un rondeau, réduire de moitié le vin, le saké et le jus de citron avec la citronnelle, puis ajouter le jus de litchis. Laisser refroidir.

• Dans une poêle à fond épais, chauffer le beurre. Saler et poivrer les suprêmes de poulet, puis les dorer de chaque côté. Les déposer dans le fond de litchis. Laisser macérer 4 h sur le comptoir afin que les saveurs pénètrent bien dans la volaille. Ajouter à la macération la glace de volaille. Chauffer à 90 °C (194 °F) et cuire doucement de 20 à 25 min. La température doit atteindre 75 °C (167 °F) à cœur. À ce moment, retirer les suprêmes et les garder au chaud. Réduire le jus de cuisson de moitié.

• Entre-temps, dans une autre casserole, réduire la crème de moitié.

• Dans un troisième récipient, mélanger de l'eau froide avec la veloutine, puis incorporer peu à peu au fond de cuisson jusqu'à la consistance voulue (attendre l'ébullition, car c'est à ce moment que la fécule agit). Ajouter la crème réduite et rectifier l'assaisonnement. Incorporer les litchis, les suprêmes de poulet et chauffer quelques minutes jusqu'à 90 °C (194 °F).

• Servir accompagné d'un riz et parsemer le tout de ciboulette.

INGRÉDIENTS

- 6 c. à soupe de vin blanc
- 6 c. à soupe de saké
- Le jus de 2 citrons
- 4 branches de citronnelle
- 250 ml (1 tasse) de jus de litchis frais ou en conserve non sucré
- 120 g (½ tasse) de beurre non salé
- Sel et poivre du moulin
- 4 suprêmes de poulet sans peau
- 2 cubes de glace de volaille maison ou de volaille du commerce
- 375 ml (1 ½ tasse) de crème épaisse (35 %)
- 75 g (2 ½ oz) de veloutine ou de fécule de pomme de terre
- 32 litchis frais ou en conserve non sucrés
- 40 g (2 oz) de ciboulette, ciselée

Soupe de crabe à l'ananas et aux litchis

INGRÉDIENTS

Salade de buccins, mayonnaise aux agrumes et aux litchis

PRÉPARATION : 15 MIN

4 à 6 portions • 1

- 1 paquet de petites feuilles d'épinards
- 2 oranges
- 12 à 16 litchis frais ou en conserve non sucrés
- 175 ml (3/4 tasse) de mayonnaise maison ou du commerce
- 75 g (2 1/2 oz) d'amandes effilées, grillées
- Sel et poivre blanc moulu
- Citron (facultatif)
- 480 g (1 lb) de buccins, cuits

Le buccin est un gros mollusque comestible de l'Atlantique.

• Équeuter et laver les épinards, les essorer, puis les conserver au frais. Faire de petits dés d'orange sans l'écorce, puis dénoyauter les litchis et les couper en dés comme l'orange. Mélanger avec la mayonnaise et les amandes. Saler et poivrer au goût. S'il manque d'acidité, ajouter le jus d'un citron. Réserver.

• Couper les buccins cuits, les mélanger avec la mayonnaise aux agrumes. Garder au réfrigérateur jusqu'au moment de servir.

• Faire une couronne de feuilles d'épinards tout autour de l'assiette, puis déposer la salade de buccins en dôme, au centre. Servir froid.

Soupe de crabe à l'ananas et aux litchis

PRÉPARATION : 60 MIN

4 portions • Temps de cuisson : 30 à 40 min • 1

- 250 ml (1 tasse) de jus d'ananas frais
- 250 ml (1 tasse) de jus de litchis frais
- 1 litre (4 tasses) de fumet de poisson léger (recette de base)
- 5 c. à soupe d'huile d'olive
- 300 g (10 oz) de petite mirepoix
- 12 petits crabes bleus
- 175 ml (3/4 tasse) de vin blanc
- 1 bouquet garni
- 200 g (7 oz) de pommes de terre noisettes
- 150 g (5 oz) de chair de crabe, en petits dés
- 24 litchis
- 10 g (1/3 oz) de persil, haché finement
- 90 g (3 oz) de petits croûtons

• Mélanger le jus d'ananas, le jus de litchis et le fumet de poisson.

• Dans un rondeau, chauffer l'huile et faire fondre la mirepoix. Ajouter les crabes et le vin. Réduire de moitié afin d'enlever l'acidité, puis verser le mélange précédent. Ajouter le bouquet garni et cuire de 20 à 30 min. Enlever les crabes et les laisser refroidir. Passer le jus à la passoire, réduire de 40% en cuisant dans ce fond les pommes de terre.

• Pendant la réduction, retirer la chair des crabes pour la couper en petits dés. Éplucher les litchis, les dénoyauter et les couper en quatre.

• Mettre la chair de crabe et les litchis au fond de chaque assiette, puis verser le bouillon avec les pommes de terre. Parsemer de persil haché et ajouter les croûtons.

Langues de veau tièdes, sauce aux litchis

4 portions • Temps de cuisson : 60 min • ❷

PRÉPARATION : 20 MIN

INGRÉDIENTS

- 2 langues de veau
- 1 oignon
- 1 clou de girofle
- 1 carotte
- 1 branche de céleri
- 10 grains de poivre noir
- 4 gousses d'ail en chemise
- 1 bouquet garni
- Sel

SAUCE AUX LITCHIS

- 15 g (½ oz) de moutarde de Dijon
- 2 jaunes d'œufs
- 3 c. à soupe de vinaigre de vin rouge
- Sel et poivre blanc moulu
- 175 ml (¾ tasse) d'huile de tournesol
- 100 g (3 ½ oz) persil, haché
- 100 g (3 ½ oz) de litchis, hachés
- 1 blanc d'œuf dur, haché

• Mettre les langues de veau dans un grand récipient et laisser couler sur elles l'eau froide pour faire dégorger.

• Dans un rondeau, faire bouillir 3 à 4 litres (12 à 16 tasses) d'eau avec l'oignon piqué d'un clou de girofle, la carotte entière, la branche de céleri, les grains de poivre noir, les gousses d'ail en chemise et le bouquet garni. Saler légèrement. Cuire de 30 à 40 min afin que le bouillon prenne bien les saveurs des aromates, puis déposer les langues de veau et cuire à 90 °C (194 °F), jusqu'à ce qu'on puisse enfoncer facilement et ressortir la lame d'un petit couteau.

• Pendant la cuisson, préparer la sauce. Bien mélanger la moutarde, les jaunes d'œufs et le vinaigre de vin rouge. Saler et poivrer. Incorporer l'huile de tournesol en filet comme pour faire une mayonnaise, puis ajouter le persil, les litchis et le blanc d'œuf dur. Rectifier l'assaisonnement.

• Enlever la petite peau qui entoure les langues, couper de généreuses tranches, les déposer dans l'assiette et napper de sauce aux litchis. De petites pommes de terre noisettes seraient une bonne garniture.

Litchis marinés, granité de citron vert à la vanille

4 portions

PRÉPARATION : 10 MIN

GRANITÉ

- 175 ml (¾ tasse) d'eau
- 200 g (7 oz) de sucre
- ½ gousse de vanille, fendue et grattée
- 250 ml (1 tasse) de jus de citron vert

LITCHIS

- 500 ml (2 tasses) d'eau
- 200 g (7 oz) de sucre
- Le jus de 2 citrons verts
- 24 litchis

• Bouillir l'eau, le sucre et la vanille. Refroidir le sirop et ajouter le jus de citron vert. Couler dans un contenant et conserver au congélateur.

• Bouillir l'eau, le sucre et le jus de citron vert et verser sur les litchis épluchés, dénoyautés et coupés en deux. Laisser mariner quelques heures au froid.

• Dans un petit bol ou une coupe, disposer les litchis et garnir du granité sorti du congélateur 2 min avant.

Litchis marinés, granité de citron vert à la vanille

MÛRES

Rubus occidentalis (Blackberry, thimbleberry)

Famille : Rosacées

UTILISATION EN CUISINE ET EN PÂTISSERIE

L'alcool ou le vinaigre dans lequel les mûres ont macéré peut aussi servir à déglacer.

Les fruits accompagnent bien les gibiers et certains poissons.

Compotes, confitures, jus, marmelades.

Gâteaux et tartes.

USAGE THÉRAPEUTIQUE

Usage interne : affections pulmonaires, asthénie, constipation, diathèse hémorragique, entérite.

Usage externe : angine, aphtes, stomatite.

On trouve la ronce commune (*Rubus fruticosus*) dans les clairières, à la lisière des bois. Dans certaines régions très ensoleillées, on retrouvera plutôt la ronce à feuilles d'orme (*Rubus ulmifolius*) dont les fruits sont petits et doucereux. Bien meilleures sont les mûres de la ronce bleuâtre (*Rubus caesius*), plante qui fréquente les lieux frais et humides. L'hybridation d'un framboisier et d'une ronce américaine (*Rubus vitifolius*) donna la mûre de Logan, puis le croisement de cette dernière avec une autre plante du genre *Rubus* donna la mûre de Boysen, cultivée pour ses grosses baies parfumées. Depuis la préhistoire, les hommes apprécient les mûres dont ils ont fait des confitures, des compotes et des remèdes astringents. Les tisanes de feuilles de mûriers et de framboisiers sont délicieuses. Notre plaquebière (*Rubus chamaemorus*), ou ronce petit-mûrier, fait partie de cette grande famille des mûres.

Île flottante à la rose et aux mûres

4 portions • Temps de cuisson : 10 min

PRÉPARATION : 30 MIN

• Faire bouillir le lait et ajouter l'eau de rose.

• Monter les blancs d'œufs avec le sel et ajouter graduellement le sucre. Les blancs doivent être fermes. Déposer une cuillerée de blanc dans le lait bouillant. Cuire environ 2 min en retournant à mi-cuisson.

• Égoutter le blanc cuit et répéter l'opération avec le reste des blancs.

• Faire bouillir le lait à la rose avec 80 g (1/3 tasse) de sucre. Blanchir les jaunes d'œufs avec le reste du sucre. Verser graduellement le lait bouillant sur les jaunes en remuant.

• Remettre le mélange dans la casserole, à feu moyen, et cuire jusqu'à ce que cette crème nappe bien. Refroidir sur glace. Verser la crème anglaise dans des bols ou des verres. Ajouter des mûres et terminer par les œufs à la neige.

INGRÉDIENTS

ŒUFS À LA NEIGE

- 750 ml (3 tasses) de lait
- 1 c. à café (1 c. à thé) d'eau de rose
- 8 blancs d'œufs
- 1 pincée de sel
- 40 g (1/6 tasse) de sucre

CRÈME ANGLAISE

- 750 ml (3 tasses) de lait à la rose (recette précédente)
- 8 jaunes d'œufs
- 160 g (2/3 tasse) de sucre
- Mûres

Salade de papaye verte aux mûres

INGRÉDIENTS

Salade de papaye verte aux mûres

PRÉPARATION : 15 MIN

4 portions • ❷

- 600 g à 1 kg (1 ¼ à 2 lb) de papaye verte, coupée comme des spaghettinis
- 125 ml (½ tasse) d'huile d'olive
- Le jus de 2 citrons
- Sel et poivre
- 240 g (8 oz) de mûres
- 30 g (1 oz) de ciboulette, ciselée

Il est préférable d'acheter la papaye verte dans les magasins spécialisés où on les coupe comme des spaghettinis. Si vous n'en trouvez pas, achetez de grosses papayes vertes entières et coupez-les finement.

• Environ 2 h avant de servir la salade, déposer la papaye dans un bol. Ajouter l'huile d'olive, le jus de citron, le sel et le poivre. Laisser macérer en remuant de temps à autre.

• Au moment de servir, ajouter les mûres et la ciboulette. Servir ce plat très frais.

Médaillons de baudroie au jus de carotte et aux mûres

PRÉPARATION : 30 MIN

4 portions • Temps de cuisson : 20 min • ❸

- 80 g (⅓ tasse) de beurre non salé
- 75 g (2 ½ oz) d'échalotes, hachées finement
- 600 g (1 ¼ lb) de médaillons de baudroie
- Sel et poivre
- 160 ml (⅔ tasse) de vin blanc sec
- Jus d'un citron
- 150 g (¾ tasse) de carottes
- 150 g (1 tasse) de mûres
- 60 g (¼ tasse) de beurre non salé

Les médaillons sont des morceaux de poisson de 4 cm (1 ½ po) de diamètre et de 2 cm (¾ po) de haut. La baudroie, aussi appelée lotte de mer, a une seule arête centrale. Son goût étant peu prononcé, la baudroie est idéale pour inciter les enfants à manger du poisson.

• Beurrer un plat de cuisson dans lequel les médaillons ne seront ni trop serrés ni trop épars.

• Parsemer les échalotes au fond du plat, puis déposer les médaillons de baudroie. Saler, poivrer, verser le vin et le jus de citron.

• Couvrir et cuire au four à 200 °C (400 °F) de 6 à 7 min, jusqu'au moment où de petites perles blanches apparaîtront sur les médaillons. Enlever les médaillons et réserver au chaud. Réduire le jus de cuisson de 80%.

• Pendant la cuisson, récupérer le jus des carottes et des mûres à l'aide d'un extracteur, puis verser ce jus dans la réduction de cuisson et faire réduire de moitié. Rectifier l'assaisonnement et monter au beurre. Verser sur les médaillons.

• Servir avec du riz ou des pommes de terre vapeur.

Liqueur de mûre

INGRÉDIENTS

PRÉPARATION

- 1 kg (2 lb) de mûres
- 240 g (8 oz) de framboises
- 240 g (8 oz) de groseilles rouges
- 720 g (3 tasses) de sucre cristallisé blanc (pour 1 litre / 4 tasses de jus)
- 1,5 litre (6 tasses) d'eau-de-vie à 50 degrés ou de rhum blanc
- ½ c. à café (½ c. à thé) d'essence de vanille

Il est très important que les fruits soient très mûrs.

• À l'aide d'un extracteur à jus, extraire toute la pulpe des fruits en conservant précieusement les pépins qui serviront pour le vinaigre. Passer la pulpe au chinois ou à la passoire, puis à l'étamine. Pour 1 litre (4 tasses) de jus, ajouter 720 g (3 tasses) de sucre cristallisé. Laisser fondre 1 h.

• Ajouter l'eau-de-vie et la vanille. Laisser macérer 3 semaines en remuant de temps à autre pour finir de fondre le sucre.

• Ensuite, filtrer et vider dans des bouteilles opaques. On peut conserver cette liqueur en cave durant quelques mois.

Vinaigre de mûre

PRÉPARATION

- 300 g (10 oz) de pépins de mûres, de framboises et de groseilles
- 1 litre (4 tasses) de vinaigre de vin de qualité, acidifié à 7 degrés d'alcool

• Mettre les pépins et le vinaigre dans un bocal et fermer hermétiquement. Conserver dans la cuisine de 8 à 12 mois. Filtrer avant d'utiliser.

Vinaigre de mûre

PLAQUEBIÈRES

Rubus chamaemorus (Cloudberry)

Autres noms : Chicouté (Montagnais) ; mûre blanche

Famille : Rosacées

UTILISATION EN CUISINE ET EN PÂTISSERIE

Sauce à gibiers et sauce à poissons.
Confitures, gâteaux, gelées, pâte de fruits, sorbets.

USAGE THÉRAPEUTIQUE

Anhidrose (diminution importante de la transpiration), anxiété, asthénie, constipation, dermatose, dyspepsie, embarras gastro-intestinaux, fièvre, goutte, rhumatismes.

Les Lapons surnomment la plaquebière «framboise des marais». Ils fabriquent une liqueur avec ce petit fruit. Au Québec, la plaquebière est très connue sur la Côte-Nord où les Montagnais l'appellent chicouté, qui signifie «feu» dans leur langue, sans doute à cause de la couleur du fruit avant maturité.

Certains attribuent son nom au vieux français «plat-de-bièvre», la nourriture du castor. La plaquebière se distingue des autres plantes du genre *Rubus* par ses pousses qui mettent trois ans à produire leurs feuilles.
Ses fruits mûrs sont d'une belle couleur ambrée, mais ils ne sont pas sucrés et doivent se manger frais ou confits. Ils sont excellents dans les sorbets, les gâteaux et les mousses.

Soupe de grenouille au jus de plaquebière

4 portions • Temps de cuisson : 30 min • ❸

PRÉPARATION : 30 MIN

INGRÉDIENTS

- 1 oignon espagnol, émincé
- 1 carotte, émincée
- 1 branche de céleri, émincée
- 2 litres (8 tasses) d'eau
- 1 bouquet garni
- 12 grains de poivre noir
- Le jus d'un citron
- 175 ml (3/4 tasse) de vin blanc
- Sel
- 600 g (1 1/4 lb) de cuisses de grenouille (9/12*)
- Roux blanc
- 250 ml (1 tasse) de crème épaisse (35 %)
- 2 courgettes
- 160 ml (2/3 tasse) de jus de plaquebière ou de jus de pomme léger
- Sel et poivre blanc moulu

• Déposer les oignons, les carottes et le céleri dans une marmite et verser l'eau. Ajouter le bouquet garni, les grains de poivre, le jus de citron et le vin. Saler très légèrement.

• Cuire de 20 à 25 min pour produire un court-bouillon savoureux. Ajouter les cuisses de grenouille et cuire 20 min à frémissement (90 °C / 194 °F). Retirer les cuisses, puis enlever toute la chair des os. Couvrir avec un linge humide afin que la chair ne sèche pas. Remettre tous les petits os dans la marmite et cuire 15 min de plus. Passer au chinois ou à la passoire et réduire de moitié. Lier légèrement avec du roux blanc. Ajouter la crème et laisser mijoter doucement jusqu'à consistance voulue.

• Couper les courgettes en brunoise en laissant la peau. Rectifier l'assaisonnement. Ajouter le jus de plaquebière.

• Disposer la chair des grenouilles et les courgettes au fond des assiettes creuses. Verser la crème bouillante sur le tout et servir immédiatement.

---

* 9/12 : 9 à 12 grenouilles par 480 g (1 lb).

Sauté de foies de volaille aux effluves de plaquebières

4 portions • Temps de cuisson : 8 min • ❸

PRÉPARATION : 15 MIN

INGRÉDIENTS

- 480 g (1 lb) de foies de volaille
- 2 échalotes sèches, hachées finement
- 250 ml (1 tasse) de jus de plaquebière ou de jus de poire
- 160 ml ($^2/_3$ tasse) de xérès
- 175 ml ($^3/_4$ tasse) de fond brun de volaille non lié ou du commerce
- 2 c. à soupe d'huile d'olive
- 200 g (1 tasse) de chou chinois, émincé
- 2 gousses d'ail, hachées finement
- 5 c. à soupe de vinaigre de xérès
- Sel et poivre du moulin
- 100 g (3 $^1/_2$ oz) de petits croûtons

• Bien nettoyer les foies de volaille en enlevant tous les filaments. Déposer dans une casserole et couvrir d'eau froide. Porter à ébullition, écumer et cuire 12 min à 85 °C (185 °F). Rafraîchir sous un filet d'eau froide, égoutter et conserver.

• Dans une casserole, mélanger les échalotes, le jus de plaquebière et le xérès. Cuire en réduisant de 80 %. Ajouter le fond de volaille. Laisser mijoter doucement 20 min.

• Chauffer l'huile d'olive dans une grande poêle et faire sauter le chou chinois avec l'ail et le vinaigre de xérès. Cuire de 3 à 4 min. Émincer délicatement les foies. Saler et poivrer.

• Ajouter la réduction de jus de plaquebière au chou chinois et, 5 min avant de servir, incorporer les languettes de foies de volaille. Servir très chaud dans des assiettes creuses. Parsemer de petits croûtons.

Crème brûlée aux plaquebières et à la cannelle

INGRÉDIENTS

- 250 ml (1 tasse) de lait
- 250 ml (1 tasse) de crème épaisse (35 %)
- 80 g (1/3 tasse) de sucre
- 1 c. à café (1 c. à thé) de cannelle moulue
- 5 jaunes d'œufs
- Confiture de plaquebière

PRÉPARATION : 30 MIN

4 portions • Temps de cuisson : 40 min • ❸

• Dans une casserole, faire bouillir le lait, la crème et la moitié du sucre. Ajouter la cannelle et laisser infuser 5 min. Blanchir les jaunes d'œufs et le reste du sucre. Verser le liquide chaud graduellement sur les jaunes en remuant. Passer dans une passoire.

• Couvrir le fond des ramequins d'une fine couche de confiture de plaquebière. Faire couler l'appareil à crème brûlée sur la confiture. Mettre au four dans un contenant rempli d'eau chaude à mi-hauteur des ramequins. Cuire environ 40 min à 150 °C (300 °F), jusqu'à ce que la crème ne soit plus tremblotante. Laisser reposer, puis réfrigérer quelques heures.

• Saupoudrer la crème brûlée d'une fine couche de sucre et, à l'aide d'un chalumeau, caraméliser.

PRUNE MIRABELLE

PRUNE SAUVAGE

PRUNE QUETSCHE

PRUNE REINE-CLAUDE

PRUNES

Prunus domestica (Plum)
Famille : Rosacées

AUTRES REPRÉSENTANTS DU GENRE *PRUNUS* AU QUÉBEC
Cerisier de sable. *Prunus depressa*
Prunier noir, *Prunus nigra*
Petit merisier, *Prunus pensylvanica*
Cerisier tardif, *Prunus serotina*
Cerisier de Virginie, *Prunus virginiana*

AUTRES ESPÈCES DE PRUNES
Damas bleue, damas violette, damas de Québec, petite prune de l'île d'Orléans, prune d'Ente, lombard, mont-royal, reine-claude, mirabelle.

UTILISATION EN CUISINE ET EN PÂTISSERIE
Biscuits, compotes, confitures, gâteaux, sirops, tartes.

USAGE THÉRAPEUTIQUE
Anémie, anxiété, asthénie, athérosclérose, constipation, goutte, rhumatismes, surmenage, troubles hépatiques.

Il existe plusieurs centaines d'espèces de pruniers, mais l'origine de cet arbre se perd dans la nuit des temps. Son évolution complexe a produit des fruits d'une grande diversité de couleurs et de formes: les prunes peuvent être jaunes, vertes, rouges, violettes ou noires; oblongues, ovales ou sphériques. L'usage du fruit dépend de sa chair, qui peut être moelleuse ou ferme.

La prune de Damas est pourpre ou jaune, sa chair est riche, légèrement acidulée, très agréable. Les mirabelles sont petites et sphériques, d'un jaune doré piqueté de rouge, et leur chair est ferme, sucrée, parfumée, d'un goût très particulier. Les quetsches, grosses et oblongues, de couleur violet sombre, à la pulpe très ferme, ont une saveur intense. Les sphériques reines-claudes sont vertes, à chair fondante et parfumée. On trouve toutes ces prunes dans nos marchés.

Le pruneau, quant à lui, est une prune séchée. Les prunes de Perdrigon, par exemple, deviennent des «pistoles» une fois séchées au soleil et pelées au couteau. Les pruneaux d'Agen et de Tours sont les plus estimables, mais ceux de Californie et d'Australie les concurrencent sévèrement. En cuisine, le pruneau aime à être cuit longuement avec du vin rouge. Il peut même parfois accompagner une viande blanche ou un poisson gras.

Foies de canard aux prunes sauvages

4 portions • Temps de cuisson : 12 min • ❷

PRÉPARATION : 20 MIN

Les prunes sauvages sont toujours plus acides. Si vous avez des prunes trop sucrées, vous devrez les acidifier.

• Bien dénerver les foies de canard. Les couper en dés de 1 cm (1/2 po) de côté. Déposer sur du papier absorbant et conserver au réfrigérateur.

• Dénoyauter les prunes, les couper en lamelles de 1 cm (1/2 po) de côté. Chauffer l'huile d'olive dans un sautoir. Fondre les échalotes et l'ail, puis mettre les prunes. Saler et poivrer. Cuire doucement à 80 °C (175 °F) à couvert tout en gardant les prunes fermes. Réserver au coin du fourneau.

• Dans une poêle à fond épais ou un wok, chauffer de l'huile et saisir les germes de soja. Sauter vivement, saler, poivrer et ajouter la muscade. Garder les germes de soja au chaud.

• Saler et poivrer les dés de foies de canard. Dans une poêle à fond épais, chauffer le beurre non salé et saisir vivement les foies. Les garder saignants, sinon ils seront trop durs. Flamber avec le cognac, puis retirer les foies pour les garder au chaud. Verser le vin et réduire de moitié, ajouter le fond de volaille, rectifier l'assaisonnement, puis mélanger rapidement foies de canard, germes de soja et prunes. Parsemer de persil haché et servir en assiettes creuses.

INGRÉDIENTS

- 480 g (1 kg) de foies de canard frais
- 200 g (7 oz) de prunes sauvages ou de petites prunes acides
- 5 c. à soupe d'huile d'olive
- 3 échalotes sèches, hachées finement
- 2 gousses d'ail, hachées
- Sel et poivre du moulin
- 300 g (10 oz) de germes de soja
- 1 pointe de couteau de noix de muscade râpée
- 120 g (1/2 tasse) de beurre non salé
- Sel et poivre du moulin
- 80 ml (1/3 tasse) de cognac
- 160 ml (2/3 tasse) de vin blanc
- 175 ml (3/4 tasse) de fond de volaille brun, lié ou du commerce
- 90 g (3 oz) de persil, haché

Parfait de cervelle de veau, crème sure au jus de prune

INGRÉDIENTS

PRÉPARATION : 40 MIN

4 portions • Temps de cuisson : 20 min • ③

- 500 ml (2 tasses) de jus de prune
- Sel et poivre
- 60 ml (1/4 tasse) de vinaigre blanc
- 4 cervelles de veau, dégorgées
- Crème épaisse (35 %)
- 175 ml (3/4 tasse) de crème sure
- 60 ml (1/4 tasse) de vodka
- Pluches de cerfeuil

• Chauffer le jus de prune avec le vinaigre blanc à 80 °C (175 °F) en salant et poivrant très légèrement. Plonger les cervelles. Mijoter au moins 40 à 45 min. Atteindre 68 °C (154 °F) à cœur, puis laisser refroidir les cervelles dans la cuisson.

• Le lendemain, réduire le jus de cuisson de 90% et le laisser refroidir (pour aller plus vite, on peut le mettre au congélateur). Bien éponger les cervelles, puis les passer au mixeur. Peser le tout et mettre au réfrigérateur.

• Mesurer la moitié du poids des cervelles de crème épaisse (35%) et la fouetter. Mélanger délicatement la crème fouettée et la cervelle, rectifier l'assaisonnement et mettre au congélateur le temps que l'appareil devienne très froid.

• Mélanger la crème sure avec la vodka et le jus de prune réduit, saler et poivrer.

• Déposer au centre de l'assiette une cuillerée de crème sure au jus de prune ; puis déposer de belles quenelles de cervelles formées à l'aide de deux cuillères à soupe bien chaudes. Parsemer de pluches de cerfeuil.

Shortcakes aux prunes et au mascarpone

4 à 6 portions • Temps de cuisson : 10 min

PRÉPARATION : 30 MIN

• Sabler les ingrédients secs avec le beurre. Incorporer la crème et mélanger de manière à former une boule de pâte. Moins la pâte sera pétrie, plus la texture sera intéressante. Étendre la pâte au rouleau sur une surface légèrement farinée. Lorsque la pâte est abaissée à environ 2 cm (3/4 po), la couper à l'emporte-pièce rond de plus ou moins 6 cm (2 1/2 po). Mettre les shortcakes au froid pendant au moins 1 h.

• Avec un pinceau, badigeonner légèrement les biscuits de crème et saupoudrer d'une fine couche de sucre. Cuire à 180 °C (350 °F) environ 10 min.

CRÈME AU MASCARPONE

• Dans un malaxeur ou au fouet, mélanger le fromage et le sucre glace à vitesse moyenne. Incorporer graduellement la crème et fouetter pour faire des pics mous.

CONFITURE DE PRUNE

• Dans une casserole, cuire les prunes, le sucre et le jus de citron environ 5 min. Égoutter les prunes, faire bouillir le sirop obtenu, incorporer la pectine mélangée au sucre et refaire bouillir 1 min. Remettre les dés de prunes et continuer la cuisson 1 min. Conserver au froid.

• Couper les biscuits en deux et les tartiner de confiture de prune. Ajouter un peu de crème au mascarpone et couvrir de l'autre moitié du biscuit.

INGRÉDIENTS

BISCUITS

- 240 g (1 1/3 tasse) de farine
- 2 c. à soupe de sucre
- 1 c. à café (1 c. à thé) de levure chimique (poudre à pâte)
- Une pincée de sel
- 80 g (1/3 tasse) de beurre
- 150 g (5 oz) de crème épaisse (35 %)

CRÈME AU MASCARPONE

- 120 g (4 oz) de fromage mascarpone
- 125 ml (1/2 tasse) de crème épaisse (35 %)
- 3 c. à soupe de sucre glace

CONFITURE DE PRUNE

- 200 g (7 oz) de prunes, en dés
- 2 c. à soupe de sucre
- Le jus d'un citron
- 1 c. à café (1 c. à thé) de pectine
- 1 c. à café (1 c. à thé) de sucre

SUREAU

SORBIER

SORBIERS – SUREAUX

Famille : Rosacées
Famille : Caprifoliacées

AUTRES SORBIERS
Sorbier d'Amérique, *Sorbus americana* (American mountain-ash)
Sorbier des oiseaux, *Sorbus aucuparia* (Mountain-ash)
Sorbier plaisant, *Sorbus decora* (Showy mountain-ash)

AUTRES SUREAUX
Sureau blanc, *Sambucus canadensis* (Canadian elder)
Sureau noir, *Sambucus nigra* (Black elder)
Sureau rouge, *Sambucus pubens* (Red-berried elder)

UTILISATION EN CUISINE ET EN PÂTISSERIE
SORBIERS : *Gelées et marmelades; eau-de-vie et liqueur.*
SUREAUX : *Les fruits peuvent accompagner toutes les viandes et les volailles. On peut en faire une eau-de-vie et de l'alcool pour déglacer.*
Compotes, confitures, gâteaux, gelées, marmelades, sirops, sorbets.

USAGE THÉRAPEUTIQUE
SORBIERS : *Antiscorbutique, astringent, diurétique.*
SUREAUX : *Baies : antirhumatismal et purgatif. Fleurs : dépuratif, diurétique, galactogène et sudorifique.*

Le sorbier des oiseaux est un petit arbre à écorce bronzé dont les fleurs blanches sentent l'aubépine. Au cours de l'été, celles-ci sont remplacées par les baies, sortes de minuscules pommes immangeables crues. Seuls les oiseaux en sont friands. Le sorbier domestique, ou cormier, est un arbre qu'on ne cultive plus beaucoup, mais qui croît spontanément sur les escarpements. Ses fleurs sont petites et blanches, disposées en bouquets touffus. En octobre, elles se transforment en grappes de petits fruits orangés. Ce sont les cormes, ou sorbes, d'un goût âpre si on ne les fait pas blettir sur la paille, comme les nèfles.

Le nom latin du sureau, *sambucus*, viendrait du grec *sambuke*, une harpe triangulaire, mais en latin il désignait une flûte taillée dans le bois de cet arbre. On a retrouvé certaines traces du sureau sur des sites datant de l'âge de pierre. Ne pas confondre les fruits du sureau noir avec ceux, toxiques, de l'hièble (*Sambucus ebulus*), qui n'est qu'une haute plante herbacée, alors que le sureau noir est un arbre. Le sureau est un «arbre de santé», comme le redécouvre aujourd'hui la phytothérapie. On peut en utiliser toutes les parties, y compris l'écorce. Les fleurs séchées, mucilagineuses et antispasmodiques, font une tisane agréable.

Filets de porc rôtis, sauce au vin de gentiane

4 portions • Temps de cuisson : 20 min • ❸

PRÉPARATION : 30 MIN

Nous n'avons pas de gentiane de cette famille au Québec, mais on trouve la Suze, une liqueur apéritive qui rappelle l'amertume du sorbier des oiseaux.

• Couper les queues des filets et conserver pour une recette d'émincé. Saler et poivrer. Dans un sautoir, chauffer l'huile et saisir les filets jusqu'à une belle coloration.

• Cuire au four de 2 à 3 min à 200 °C (400 °F). Diminuer la chaleur à 150 °C (300 °F). Arroser souvent à l'aide d'une cuillère. Cuire pour atteindre 75 °C (167 °F) à cœur. Retirer les filets et réserver.

• Extraire l'excédent de gras de cuisson, ajouter les échalotes et flamber avec la Suze jusqu'à complète évaporation de l'alcool. Ajouter le fond de veau et laisser mijoter 1 ou 2 min. Monter au beurre et rectifier l'assaisonnement.

• Verser la sauce au fond des assiettes. Découper des grenadins de porc et les disposer sur la sauce. Une jardinière de légumes accompagne bien ce plat.

INGRÉDIENTS

- 2 filets de porc de 300 à 400 g (10 à 13 oz) chacun
- Sel et poivre du moulin
- 60 ml (1/4 tasse) d'huile de cuisson
- 250 ml (1 tasse) de Suze (apéritif à la gentiane)
- 250 ml (1 tasse) de fond de veau brun, lié
- 4 échalotes séchées, hachées finement
- 100 g (3 1/2 oz) de beurre non salé
- Sel poivre du moulin

Rôti de chevreuil, compote d'échalotes, jus de gibier aux sorbiers

4 portions • Temps de cuisson : 50 min • ❸

PRÉPARATION : 30 MIN

Au Québec, nous possédons plusieurs sorbiers, mais deux sont plus courants : le sorbier plaisant et le sorbier des oiseaux. Les baies sont amères et doivent être cueillies après les premières gelées. On les conserve au congélateur pour utilisation ultérieure. En cuisine, il faut les marier avec un fruit très sucré ou en faire une gastrique. Cette recette peut paraître compliquée, mais elle est fort simple.

• Bien saler et poivrer le rôti de chevreuil. Dans une plaque à rôtir, chauffer l'huile et saisir le rôti uniformément. Cuire au four de 5 à 6 min à 200 °C (400 °F), puis réduire la température à 180 °C (350 °F). Cuire en arrosant souvent. À mi-cuisson (48 °C / 118 °F), le thermomètre faisant foi, disposer autour du rôti les légumes en mirepoix, les grains de poivre noir, les baies de genièvre, l'ail, le laurier, le thym et les os de chevreuil.

• Poursuivre la cuisson. Quand la température du rôti atteint 54 °C (130 °F), le retirer et le garder au chaud. Enlever l'excédent de gras, verser le vin et l'eau. Réduire de 80 %. Passer à la passoire, puis ajouter le fond de gibier. Incorporer lentement la gastrique de sorbier en goûtant plusieurs fois afin d'arriver à un équilibre entre l'amer, le sucré et l'acide.

• Monter la sauce au beurre. Rectifier l'assaisonnement.

• Verser la sauce au fond des assiettes. Disposer une belle tranche de rôti. Servir avec une purée de pommes de terre et des petits légumes de saison.

INGRÉDIENTS

- 1,2 kg (2 lb 10 oz) de rôti de chevreuil (dans l'épaule ou la cuisse ; sous-noix ou noix pâtissière)
- Sel et poivre du moulin
- 160 ml (2/3 tasse) d'huile de cuisson
- 1 carotte, en petite mirepoix
- 1 oignon, en petite mirepoix
- 1 branche de céleri, en petite mirepoix
- 8 grains de poivre noir
- 8 baies de genièvre
- 1 gousse d'ail
- 1 feuille de laurier
- 1 brin de thym frais
- Os de chevreuil, en petits dés
- 175 ml (3/4 tasse) de vin rouge
- 250 ml (1 tasse) d'eau
- 250 ml (1 tasse) de fond de gibier brun (recette de base) ou du commerce
- 120 g (1/2 tasse) de beurre non salé

GASTRIQUE

- 150 g (1 tasse) de baies de sorbier des oiseaux
- 200 g (7 oz) de sucre cristallisé blanc
- 160 ml (2/3 tasse) de vinaigre de vin rouge

INGRÉDIENTS

- 7,5 litres (30 tasses) de vin blanc
- 400 g (13 oz) de sucre en cubes, concassé
- 300 g (3 tasses) de fleurs de sureau blanc, fraîches ou déshydratées

PRÉPARATION

Vin de Lunel

Pour cette recette, nous utiliserons des fleurs de sureau blanc, fraîches ou déshydratées. Elles conféreront un goût fumé très agréable au vin.

• Verser le vin dans 1 ou 2 bocaux à large ouverture. Ajouter le sucre concassé et les fleurs de sureau. Fermer hermétiquement.

• Laisser infuser de 8 à 10 jours, puis passer à la passoire, ensuite au filtre à café. Vider dans des bouteilles opaques et garder en cave.

PIMBINA

VIORNES COMESTIBLES – PIMBINAS

Viburnum edule (Est et Nord du Québec) (Squashberry)
Viburnum trilobum (Ouest et Centre du Québec) (Cranberry-tree)
Famille : Caprifoliacées

UTILISATION EN CUISINE ET EN PÂTISSERIE
Flans et compotes pour gibier; confitures.

Le nom latin, *viburnum*, signifie peut-être «lier», allusion à la flexibilité des rameaux de la viorne et du pimbina.

La saveur des fruits rappelle les atocas. Ils dégagent une odeur déplaisante qui n'a rien à voir avec leur goût. On les utilise pour faire du vin, de la gelée, des confitures, du sirop ou des tartes. Cueillir les fruits après les premières gelées ou en hiver.

Les haies ont de un à quatre mètres de hauteur et sont chargées de beaux petits fruits rouges ou noirs que les humains avisés s'empressent de cueillir. Selon le frère Marie-Victorin, ils sont aussi très prisés par les merles d'Amérique qui apprécient les glucides qui leur fourniront l'énergie pour voyager vers le sud une fois l'automne venu. Une tradition amérindienne nous invite à verser du sirop de pimbina sur un lit de neige propre et à le déguster comme de la tire d'érable.

Bœuf épicé à la noix de coco et au jus de pimbina

4 portions • Temps de cuisson : 20 min • ❷

PRÉPARATION : 20 MIN

• Faire dorer la noix de coco râpée à feu doux dans un wok, sans gras, en remuant constamment. Passer au mixeur.

• Ajouter les ingrédients de la pâte épicée, sauf l'huile de tournesol, et passer au mixeur.

• Chauffer l'huile de tournesol dans le wok pour y faire revenir la pâte épicée, jusqu'à ce qu'elle dégage une agréable odeur. Incorporer alors le lait de coco, la citrouille, le bœuf et le jus de pimbina. Laisser mijoter à couvert jusqu'à ce que la viande soit tendre. Si nécessaire, ajouter de l'eau ou du fond de bœuf clair au cours de la cuisson.

INGRÉDIENTS

- 240 g (8 oz) de noix de coco, fraîchement râpée
- 750 ml (3 tasses) de lait de coco
- 100 g (3 ½ oz) de citrouille, en cubes
- 1,2 kg (1 ½ lb) de bœuf dans le filet mignon, en cubes de 2 cm (¾ po) de côté
- 6 c. à soupe de jus de pimbina

PÂTE ÉPICÉE

- Une pointe de poivre blanc fraîchement moulu
- 1 morceau de curcuma frais de 10 cm (4 po), pelé et émincé
- 1 morceau de gingembre frais de 10 cm (4 po), pelé et émincé
- 1 c. à café (1 c. à thé) de sel
- ¼ c. à café (¼ c. à thé) de graines de coriandre
- ⅛ c. à café (⅛ c. à thé) de cumin moulu
- 125 ml (½ tasse) d'huile de tournesol

INGRÉDIENTS

- 4 côtes de veau avec os de 180 g (6 oz) chacune
- Sel et poivre du moulin
- 5 c. à soupe d'huile de cuisson
- 75 g (2 ½ oz) de beurre non salé
- 175 ml (¾ tasse) de fond de veau brun non lié
- 150 g (5 oz) de gelée de pimbina
- 120 g (½ tasse) de beurre non salé

Côte de veau à la gelée de pimbina

PRÉPARATION : 10 MIN

4 portions • Temps de cuisson : 12 min • ❷

Il faut cueillir les baies de pimbina après les premiers gels de l'automne, alors qu'elles sont juteuses. Nous ferons une gelée de pimbina que nous incorporerons à la sauce ou que nous servirons comme accompagnement.

• Saler et poivrer les côtes de veau. Dans une poêle en fonte ou à fond épais, chauffer l'huile et le beurre, saisir les côtes de veau de chaque côté, puis diminuer le feu tout en arrosant régulièrement la viande. Enlever le gras de cuisson, verser le fond de veau et faire mijoter 2 à 3 min avec les côtes de veau. Retirer les côtes et les garder au chaud, ajouter la gelée de pimbina, fouetter et cuire quelques minutes. Monter la sauce au beurre, rectifier l'assaisonnement. Servir avec une purée de rutabaga.

GELÉE DE PIMBINA

• Extraire le jus des baies de pimbina à l'aide d'un extracteur ou mettre les baies dans une casserole et réchauffer tout en les écrasant. Lorsqu'elles sont éclatées, filtrer à la passoire en laissant bien égoutter. Mesurer la quantité de jus, puis ajouter du sucre cristallisé à raison de 75 % de la quantité de jus (exemple : 750 g pour 1 litre). Cuire le tout en écumant fréquemment, jusqu'au moment où le thermomètre à sucre indiquera 104 °C (219 °F). Verser chaud dans des pots et fermer hermétiquement. Les retourner jusqu'à complet refroidissement. Conserver à la cave ou congeler.

Vin de fruits secs et de pimbina

PRÉPARATION : 15 MIN

INGRÉDIENTS

- 1,5 kg (3 ⅓ lb) de baies de pimbina congelées ou déshydratées
- 1,5 kg (3 ⅓ lb) de raisins secs
- 1,5 kg (3 ⅓ lb) d'abricots secs
- 1,5 kg (3 ⅓ lb) de pruneaux secs
- 1,5 kg (3 ⅓ lb) de figues sèches
- 1 kg (2 lb) de pommes sèches
- 1,3 kg (5 ½ tasses) de sucre cristallisé blanc
- 25 g d'acide tartrique
- 3 g de tanin
- 16 g de levure de bière
- 28 litres (25 pintes) d'eau distillée

On peut se procurer l'acide tartrique, le tanin et la levure de bière dans les boutiques spécialisées dans la fabrication du vin.

• Dans un grand seau de plastique, mettre tous les fruits. Bouillir 7 litres (28 tasses) d'eau et verser sur les fruits. Bien mélanger et laisser macérer 5 h. Soutirer le jus et le verser dans une grosse bonbonne. Verser 7 litres (28 tasses) d'eau bouillante sur les fruits et laisser reposer 3 h. Soutirer de nouveau le jus et le mettre en bonbonne. Répéter encore deux fois l'opération.

• Ensuite, faire fondre le sucre dans un peu d'eau, ajouter l'acide tartrique, le tanin et la levure de bière. Verser dans la bonbonne et remuer. Laisser fermenter. Soutirer délicatement, filtrer et mettre en bouteilles opaques. Garder en cave.

• Conserver les fruits en petits sacs que vous congèlerez. Ils vous serviront ultérieurement.

Recettes de base

FOND BLANC DE VOLAILLE

On peut faire cette recette avec différentes volailles. Le principe de base est toujours le même: si on utilise la poule ou le coq, faire bouillir la volaille entière car, comme la cuisson est longue, on ira chercher toutes les saveurs spécifiques; si on utilise des os de poulet, bien les faire dégorger pour enlever les impuretés (sang).

2 kg (4 ½ lb) d'os de volaille
300 g (10 oz) de carottes, en mirepoix moyenne
200 g (7 oz) d'oignons, en mirepoix moyenne
100 g (3 ½ oz) de blanc de poireau, en mirepoix moyenne
100 g (3 ½ oz) de céleri, en mirepoix moyenne
3 gousses d'ail, hachées
1 clou de girofle
Poivre noir
Bouquet garni: 20 tiges de persil, 1 branche de thym et ½ feuille de laurier

• Faire dégorger les os de volaille.

• Mettre les légumes, l'ail, le clou et le poivre dans une marmite avec les os dégorgés. Couvrir d'eau et amener à ébullition. Écumer si nécessaire. Ajouter le bouquet garni et laisser cuire 45 min. Passer au chinois étamine ou dans une passoire fine et réduire si le goût n'est pas assez prononcé.

FOND BRUN DE VOLAILLE

Certaines recettes requièrent un fond brun de volaille. Les ingrédients sont à peu près les mêmes que pour le fond blanc de volaille, mais la méthode est légèrement différente.

2 kg (4 ½ lb) d'os de volaille
160 ml (⅔ tasse) d'huile végétale
300 g (10 oz) de carottes, en mirepoix moyenne
200 g (7 oz) d'oignons, en mirepoix moyenne
100 g (3 ½ oz) de blanc de poireau, en mirepoix moyenne
100 g (3 ½ oz) de céleri, en mirepoix moyenne
3 gousses d'ail, hachées
1 clou de girofle
Poivre noir
1 bouquet garni
Concentré de tomate

• Avec un couperet, bien concasser les os, les faire revenir au four sur une plaque avec 5 c. à soupe d'huile, jusqu'à ce qu'ils dorent (c'est ce qui donnera une belle coloration au liquide).

• Faire suer les légumes dans le reste de l'huile, puis mettre dans une marmite avec les os et les assaisonnements. Couvrir d'eau et cuire de 45 à 60 min. Si le fond n'est pas assez coloré, ajouter un peu de concentré de tomate. Passer ensuite au chinois étamine ou dans une passoire à mailles fines.

FOND BRUN DE VEAU

Ne jamais saler un fond, car si on devait le réduire il serait alors trop salé. Au cours de la cuisson, écumer régulièrement; s'il y a trop d'évaporation, ajouter de l'eau. Après la cuisson, passer au chinois étamine ou à la passoire à mailles fines. Laisser refroidir dans un lieu frais, puis remplir des petits contenants qu'on peut congeler. Les fonds peuvent être faits l'hiver pour être utilisés plus tard. Lorsqu'ils cuisent, ils dégagent de très bonnes odeurs et procurent de l'humidité dans la maison. Pour accélérer le refroidissement, verser le fond dans un récipient, le déposer dans l'évier et faire couler un filet d'eau froide autour. Si le fond produit de la graisse, dégraisser fréquemment au cours de la cuisson.

10 kg* (22 lb) d'os de veau (de préférence les genoux, coupés en petits dés par le boucher)
Graisse végétale
Huile végétale
1 kg (2 lb) d'oignons, en grosse mirepoix
1 kg (2 lb) de carottes, en grosse mirepoix
500 g (1 lb) de céleri, en morceaux de 5 cm (2 po)
2 têtes d'ail en chemise
1 feuille de laurier
2 pincées de thym frais
200 g (7 oz) de persil
25 grains de poivre noir
200 g (7 oz) de pâte de tomates cuite

• Faire chauffer la graisse végétale sur une plaque à rôtir, au four à 200 °C (400 °F). Lorsqu'elle est bien chaude, déposer les os de veau et les laisser rôtir jusqu'à ce qu'ils dorent de tous les côtés: étape très importante, car ces sucs rôtis donneront une belle coloration au fond de veau.

• Dans une casserole, faire suer tous les légumes dans l'huile chaude. Ajouter l'ail, les assaisonnements et la pâte de tomates, puis faire cuire le tout.

• Lorsque ces deux opérations seront terminées, réunir les deux préparations dans une marmite assez grande. Couvrir d'eau complètement et laisser mijoter au moins 6 h.

• Par réduction, donc par concentration des sucs, on obtient la sauce demi-glace; et, plus réduit encore, la glace de veau. Ce fond de veau n'est pas lié. Avec du roux blanc, on obtient un fond brun lié.

* Cette quantité est idéale, mais vous n'aurez sûrement pas la marmite adéquate. Diviser en plusieurs portions.

ROUX BLANC ET BRUN

Le roux est plus approprié que les fécules, car le gluten de la farine fait tenir beaucoup mieux les sauces.

100 g (3 ½ oz) de beurre
100 g (3 ½ oz) de farine

• Faire fondre le beurre au four à micro-ondes 20 sec, puis ajouter la farine. Cuire par séquences de 20 sec et bien mélanger dans les intervalles. Le roux est cuit lorsqu'il commence à mousser.

Note: Pour le roux brun, procéder comme pour le roux blanc, mais continuer la cuisson jusqu'à ce que la préparation devienne brune.

SUBSTITUTS DU ROUX

On trouve dans le commerce des substituts de liaison pour les fonds et les sauces. Il y a d'abord la fécule de maïs, la plus utilisée chez nous. Si on fait la liaison avec la fécule de maïs, il faut servir la sauce immédiatement, car elle relâchera au bout d'une vingtaine de minutes. Ces conditions valent pour toutes les fécules (pommes de terre, riz, arrowroot, châtaignes, etc.). L'avantage des liaisons avec les fécules de riz ou de pomme de terre, c'est qu'elles ne laissent aucune saveur secondaire. On trouve aussi dans le commerce une variété de produits appelés «veloutines» et autres.

SAUCE AUX AIRELLES OU AUX ATOCAS (CANNEBERGES)

Si la sauce manque de liaison, ajouter du roux blanc ou une liaison à base de fécule. On peut aussi ajouter, au dernier moment, quelques gouttes d'alcool des mêmes fruits.

200 g (7 oz) de beurre doux
4 échalotes sèches, hachées
200 ml (7 oz) de vin rouge tannique
125 ml (½ tasse) de jus d'airelles
250 ml (1 tasse) de fond brun de gibier
120 g (1 tasse) d'airelles fraîches ou congelées
Sel et poivre

• Faire chauffer la moitié du beurre et fondre les échalotes. Ajouter le vin et le jus d'airelles et réduire de 90%. Ajouter le fond de gibier, laisser mijoter pendant 10 min, puis passer au chinois et réserver.

• Pendant la cuisson, faire sauter les airelles dans le reste du beurre jusqu'à ce qu'elles éclatent, puis les déposer sur un papier absorbant. Quelques minutes avant de servir, ajouter les airelles à la sauce et rectifier l'assaisonnement.

• On peut faire la même recette en remplaçant les airelles par des bleuets ou des plaquebières.

SAUCE AUX GRIOTTES

Les griottes sont petites, rouges, molles et très acidulées. Au Canada, on les cultive dans la vallée du Niagara. On peut les remplacer par de petites cerises sauvages.

2 échalotes, hachées finement
500 ml (2 tasses) de vin rouge
Jus de cerises
1 pointe de cannelle moulue
200 ml (7 oz) de fond brun de gibier, lié
6 c. à soupe de beurre
100 g (3 ½ oz) de mie de pain blanc, fraîchement hachée
200 g (7 oz) de griottes en conserve, dénoyautées
2 c. à soupe de zeste de citron, haché
Sel et poivre

• Dans une casserole, mettre les échalotes, le vin, le jus de cerises et la cannelle. Réduire de 90%. Ajouter le fond de gibier. Rectifier l'assaisonnement et passer au chinois étamine.

• Au moment de servir, monter la sauce au beurre. Ajouter la mie de pain, les griottes et le zeste de citron.

SAUCE SALMIS

60 g (⅓ tasse) de carottes, en petits dés
60 g (⅓ tasse) de céleri, en petits dés
60 g (⅓ tasse) d'échalotes, hachées
60 g (¼ tasse) de beurre doux
600 g (1 ½ lb) de parures de gibier
160 ml (⅔ tasse) de vin blanc
300 ml (1 ¼ tasse) de fond de gibier corsé, lié
1 bouquet garni
3 gousses d'ail
60 ml (¼ tasse) de sang de canard ou autre
2 ½ c. à soupe d'armagnac ou de cognac
Sel et poivre

• Faire suer les carottes, le céleri et les échalotes dans le beurre doux. Ajouter les parures de gibier et les raidir. Ajouter le vin et réduire de 90%.

Ajouter le fond de gibier, le bouquet garni et l'ail. Cuire doucement 30 min.

• Passer au chinois, rectifier l'assaisonnement et terminer la liaison avec le sang et l'armagnac.

SAUCE À L'ORANGE

160 ml ($^2/_3$ tasse) de jus d'orange frais
6 c. à soupe de vin blanc
60 ml ($^1/_4$ tasse) de vinaigre de cidre
125 g ($^1/_2$ tasse) de sucre cristallisé blanc
320 ml (1 $^1/_3$ tasse) de fond brun de gibier à plume, lié
80 ml ($^1/_3$ tasse) de Grand Marnier
Sel et poivre

• Mélanger le jus d'orange, le vin, le vinaigre et le sucre. Cuire jusqu'à caramélisation. Arrêter la cuisson en versant un peu d'eau froide sur le caramel (ne pas éclabousser).

• Chauffer le fond de gibier et y ajouter le mélange précédent. Rectifier l'assaisonnement et ajouter le Grand Marnier. On peut ajouter aussi des zestes d'orange blanchis.

SAUCE GRAND VENEUR

La véritable sauce grand veneur se fait avec du sang de gibier. En voici une adaptation. Si vous avez un gibier tué par balles, les muscles contiendront du sang qui aura à la cuisson une incidence sur la sauce. Le célèbre cuisinier Auguste Escoffier ajoutait de la crème à cette sauce.

400 ml (14 oz) de marinade de gibier avec ses légumes
300 ml (10 oz) de fond brun de gibier, lié
100 g (3 $^1/_2$ oz) de beurre
2 c. à soupe de gelée de groseille
6 c. à soupe de cognac ou d'armagnac
Sel et poivre

• Faire réduire de 90 % la marinade avec ses légumes, puis ajouter le fond de gibier. Cuire environ 10 min et passer au chinois. Finir avec le beurre, la gelée de groseille et le cognac ou l'armagnac. Rectifier l'assaisonnement.

SAUCE CHEVREUIL

100 g (3 $^1/_2$ oz) de beurre doux
2 échalotes, hachées
400 g (13 oz) de parures de gibier
750 ml (3 tasses) de vin rouge
750 ml (3 tasses) de sauce poivrade
Sel et poivre

• Chauffer le beurre, ajouter les échalotes et les fondre doucement. Mettre les parures de gibier, les raidir, et ajouter le vin. Réduire de 90 %. Ajouter la sauce poivrade. Cuire de 20 à 30 min et passer au chinois. Rectifier l'assaisonnement.

• On peut ajouter 1 c. à soupe de gelée de groseille et 2 $^1/_2$ c. à soupe de porto.

SAUCE AIGRE-DOUCE AU PIMBINA

160 g (1 tasse) de baies de pimbina fraîches ou congelées
160 g ($^2/_3$ tasse) de sucre cristallisé blanc
300 ml (1 $^1/_4$ tasse) de fond brun de gibier, lié
80 g ($^1/_2$ tasse) de céleri, en petits dés
60 g (2 oz) de baies de pimbina
100 g (3 $^1/_2$ oz) de beurre doux
Sel et poivre

• Extraire le jus des baies de pimbina, ajouter le sucre et cuire jusqu'à caramélisation. Arrêter la cuisson en versant un peu d'eau froide sur le caramel (ne pas éclabousser).

• Faire chauffer le fond de gibier, ajouter les dés de céleri et cuire 15 min à feu doux. Ajouter le jus réduit, les baies de pimbina et monter la sauce au beurre. Rectifier l'assaisonnement.

FUMET DE POISSON

Ce fumet se conserve au congélateur de 2 à 3 mois. Éviter les carottes dans la préparation du fumet, car elles lui donnent généralement un goût sucré. Ne jamais saler un fumet de poisson, car on doit parfois le faire réduire.

1 ½ c. à soupe de beurre
800 g (1 ¾ lb) d'arêtes et de parures de poissons (poissons plats de préférence)
75 g (2 ½ oz) d'oignons, émincés
120 g (4 oz) de poireaux, émincés
120 g (4 oz) de céleri, émincé
6 c. à soupe d'échalotes
150 g (5 oz) de champignons, émincés
6 c. à soupe de vin blanc sec
4 c. à café (4 c. à thé) de jus de citron
1 litre (4 tasses) d'eau froide
1 pincée de thym
½ feuille de laurier
10 grains de poivre

• Faire chauffer le beurre dans une casserole, ajouter les arêtes et les parures de poissons et tous les légumes, puis faire suer le tout de 4 à 5 min. Mouiller avec le vin, le jus de citron et l'eau froide. Ajouter le thym, le laurier et le poivre. Amener à ébullition et laisser mijoter 25 min. Passer à l'étamine, laisser refroidir et réserver pour un usage ultérieur.

SAUCE HOLLANDAISE

On utilise toujours du beurre doux en raison de sa plus grande densité en gras.

6 c. à soupe de vin blanc
5 c. à soupe d'échalotes, hachées
2 c. à café (2 c. à thé) de vinaigre blanc
4 jaunes d'œufs
240 g (1 tasse) de beurre doux
Sel et poivre
Le jus d'une moitié de citron (facultatif)

• Faire réduire de 90 % le vin, les échalotes et le vinaigre. Laisser refroidir cette réduction, puis ajouter les jaunes d'œufs. Passer le mélange au chinois étamine ou à la passoire à mailles fines.

• Faire fondre le beurre. Dans un récipient de forme ronde (« cul-de-poule » pour les restaurateurs) qu'on peut mettre au chaud, bien mélanger au fouet la préparation précédente, puis ajouter le sel et le poivre. Au bain-marie tiède, bien émulsionner ce mélange jusqu'à ce qu'il fasse le ruban (comme une crème fouettée). Cette opération est très importante, car c'est l'émulsion des jaunes d'œufs combinée à l'acidité du vin blanc qui assure la réussite de cette sauce. Lorsque cette opération est terminée, incorporer le beurre fondu petit à petit. Le mélange doit être onctueux. Ajouter le jus de citron, au besoin.

SAUCE HOMARDINE

900 g (2 lb) de homard ou carcasses de homard
3 c. à soupe d'huile d'olive
60 g (1/4 tasse) de beurre
2 c. à soupe d'échalotes, hachées
1/4 c. à café (1/4 c. à thé) d'ail, haché (sans le germe)
125 ml (1/2 tasse) de cognac
6 c. à soupe de vin blanc
850 ml (3 1/2 tasses) de fumet de poisson
2 c. à soupe de pâte de tomates
1 c. à soupe de persil, coupé grossièrement
1/2 c. à café (1/2 c. à thé) de poivre de Cayenne
1/2 c. à café (1/2 c. à thé) de sel

• Couper la queue du homard en tronçons et briser les pinces, puis fendre le coffre en deux dans le sens de la longueur. Enlever la poche de gravier située près de la tête, puis réserver les parties crémeuses et les chairs.

• Dans un sautoir, faire chauffer l'huile et le beurre, puis y saisir vivement les morceaux de carapace jusqu'à l'obtention d'une coloration rouge. Enlever le surplus de gras et ajouter tous les autres ingrédients. Couvrir et cuire à 200 °C (400 °F) environ 20 min. Égoutter les morceaux de carapace, les piler et les remettre dans la sauce avec les parties crémeuses et les chairs du homard. Cuire à feu vif et faire réduire en fouettant. Passer au chinois étamine ou à la passoire à mailles fines, puis réserver au réfrigérateur jusqu'à utilisation.

MOUSSE AU POISSON

1 kg (2 lb) de brochet, de plie ou de goberge (chair dénervée)
4 ou 5 blancs d'œufs
Sel et poivre moulu
Muscade
1 litre (4 tasses) de crème épaisse (35 %)
480 g (2 tasses) de beurre doux

• Piler la chair de poisson au mortier. Ajouter les blancs d'œufs et les assaisonnements durant l'opération. Passer au tamis fin et sangler en sauteuse sur glace. Laisser reposer environ 2 h.

• Diluer progressivement cette farce avec la crème et le beurre en la travaillant délicatement à la spatule de bois, sur glace. Laisser reposer une nuit au froid.

SAUCE MAYONNAISE

4 jaunes d'œufs
1 c. à soupe de moutarde de Dijon
Sel et poivre blanc
Vinaigre blanc de qualité
1 litre (4 tasses) d'huile au choix (arachide, canola, maïs, noisette, noix, olive, tournesol, pistache, etc.)

• Au mélangeur ou au fouet, bien mélanger les jaunes d'œufs avec la moutarde, le sel, le poivre et quelques gouttes de vinaigre. Il est important de mettre le sel à ce moment-là, pour qu'il fonde. Incorporer l'huile peu à peu. Si le mélange devient trop ferme, ajouter quelques gouttes de vinaigre ou d'eau, puis continuer à incorporer l'huile.

SAUCE GRIBICHE

4 c. à café (4 c. à thé) de moutarde de Dijon
6 jaunes d'œufs
6 c. à soupe de vinaigre de vin rouge
375 ml (3/4 tasse) d'huile d'olive
1 c. à café (1 c. à thé) de persil haché
60 g (2 oz) de cornichons sûrs, hachés
1 c. à café (1 c. à thé) de cerfeuil, ciselé
1/2 c. à café (1/2 c. à thé) d'estragon, haché
60 g (2 oz) de câpres, hachées
3 blancs d'œufs durs, hachés
Sel et poivre

• Émulsionner la moutarde avec les jaunes d'œufs, incorporer le vinaigre, puis l'huile d'olive. Ajouter le persil, les cornichons, le cerfeuil, l'estragon, les câpres et les blancs d'œufs durs. Saler et poivrer au goût.

SAUCE PÉRIGUEUX

45 g (1 1/2 oz) d'échalotes, hachées très finement
120 g (1/2 tasse) de beurre doux
160 ml (2/3 tasse) de porto rouge
175 ml (3/4 tasse) de madère
1 litre (4 tasses) de fond de gibier à plume ou à poil, lié
60 ml (1/4 tasse) de jus de truffe
Truffe noire, en fine julienne

• Faire fondre les échalotes tout doucement dans la moitié du beurre. Ajouter le porto et le madère et réduire de 90%. Ajouter le fond de gibier. Mijoter 10 min et passer au chinois étamine. Environ 15 min avant de servir, monter la sauce avec le restant du beurre et incorporer le jus de truffe et la julienne de truffe.

MARINADE CRUE

Le liquide ne doit jamais dépasser le tiers de la viande. Conserver dans un emplacement ni trop chaud ni trop froid. Deux fois par jour, retourner la pièce de viande. Fermer avec une pellicule plastique ou un couvercle.

1 litre (4 tasses) de vin rouge tannique
160 ml (2/3 tasse) de vinaigre de vin
160 ml (2/3 tasse) d'huile de pépins de raisin
3 échalotes, émincées finement
1 oignon, émincé finement
6 baies de genièvre
12 grains de poivre noir
8 carottes, en rondelles très fines
1 branche de céleri, émincée finement
2 gousses d'ail
2 feuilles de laurier
10 queues de persil
1 branche de thym frais
Sel et poivre

• Mélanger tous les ingrédients. Laisser reposer 5 à 6 h sur le comptoir, puis verser sur la viande à mariner.

Pourquoi utiliser le thermomètre pour cuisiner ?

Lorsque j'ai commencé dans le métier, il y a quarante-huit ans, mon chef nous apprenait les degrés de cuisson d'une viande ou d'un poisson « au toucher ». La précision ne pouvait pas être « juste » car, suivant la qualité de la viande, de son vieillissement, il pouvait y avoir de grands écarts de cuisson. Aujourd'hui, le thermomètre est indispensable pour contrôler la température d'une viande ou d'un poisson ou pour connaître la température réelle de votre four. Pour ma part, j'indique rarement des temps de cuisson.

Pour mieux comprendre l'utilité d'un thermomètre, il suffit de savoir que la peur de la salmonellose tourmentait nos parents et nos grands-parents ; aussi cuisaient-ils exagérément le poulet pour tuer les bactéries nocives. Ils agissaient pareillement avec le porc et le bœuf, pour détruire les œufs de ténia, ou ver solitaire.

Avaient-ils raison? Dans une certaine mesure, oui! L'hygiène des poulaillers, des porcheries et des étables n'était pas la principale préoccupation des éleveurs au siècle dernier, mais de nos jours nous savons contrôler les parasites et les bactéries.

Le Dr Pierre Gélinas, dans son *Répertoire des microorganismes pathogènes transmis par les aliments,* nous indique les étapes à suivre pour que l'art culinaire soit à la fois festif et sécuritaire. Vous constaterez que nous n'avons plus besoin de cuire à outrance un rôti de porc, une volaille ou une pièce de bœuf. De ce fait, les aliments sont plus savoureux.

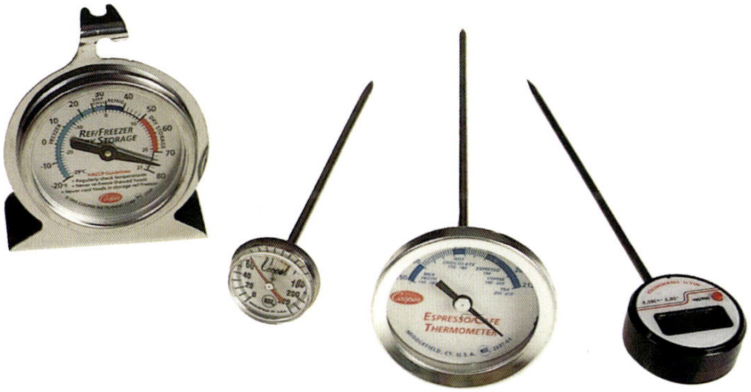

Différents thermomètres

La cuisson à juste température

Aliment	**Température de cuisson**	**Température à cœur de l'aliment**	**Effets**
Bœuf	Haute température : 70 à 120 °C (158 à 248 °F)	50 °C (122 °F) 52 °C (125 °F)	Contraction des collagènes Destruction des formes végétatives de bactéries
Veau	Basse température : 54 à 68 °C (129 à 154 °F)	54 °C (129 °F)	Cuisson saignante des viandes rouges
Porc	Suivant le choix de la cuisson, la température sera plus ou moins élevée	55 °C (131 °F) 56 °C (133 °F) 58 °C (136 °F) 62 °C (144 °F) 66 °C (151 °F) 68 °C (154 °F) 79 °C (174 °F)	Hydrolyse des collagènes Cuisson rosée des viandes blanches et rouges Cuisson à point Passage du saignant au cuit (dénaturation de l'albumine) Couleur irréversible, dénaturation de la myoglobine, coagulation des collagènes Perte du pouvoir de rétention d'eau Coagulation de l'essentiel des protéines
Volaille à chair blanche	72 °C (162 °F)	66 °C (151 °F)	
Agneau	78 °C (172 °F)	48 °C (118 °F)	
Poisson	80 °C (176 °F)	52 °C (126 °F)	

Prêtez attention aux bactéries et aux parasites

<table>
<tr><th>Micro-organisme pathogène ou parasite</th><th>Aliments dans lesquels on peut les trouver</th><th>Température de cuisson qui les neutralise</th></tr>
<tr><td>Salmonelle</td><td>Œufs, produits laitiers non pasteurisés, fromages au lait cru, produits marins crus (surtout les huîtres, moules, palourdes), viandes (surtout les volailles, mais aussi le porc), fruits et légumes lavés avec de l'eau contaminée.</td><td></td></tr>
<tr><td colspan="3">La salmonelle ne résiste pas à une cuisson à 66 °C (150 °F) durant 12 minutes.</td></tr>
<tr><td>TÉNIA
Tænia saginata (bœuf)
Tænia solium (porc)</td><td>Porc ou bœuf cru ou insuffisamment cuit. Le ténia (ver) est un parasite de ces animaux.</td><td>La pasteurisation et la congélation détruisent les larves de ces parasites.</td></tr>
<tr><td colspan="3">Il est préférable de faire congeler le bœuf avant de le servir en tartare.</td></tr>
<tr><td colspan="3">Conservez les aliments au réfrigérateur, entre 0 et 4 °C.
Ne laissez jamais des denrées longtemps dans une auto ou sur le comptoir de la cuisine, car la salmonelle se développe entre 5 et 12 °C.
Prenez garde à la cuisson au four à micro-ondes, à certaines salaisons et aux aliments fumés.
Pour éviter le botulisme, ne conservez jamais de l'ail dans l'huile et consommez immédiatement les conserves de champignons, de maïs et de haricots.
Si vous prenez toutes les précautions nécessaires pour la cuisson et la conservation des aliments, vous découvrirez une autre façon de cuisiner.</td></tr>
</table>

Glossaire

À CŒUR
Degré de cuisson au centre d'un aliment.

AIGUILLETTE
Tranche mince de filet de canard.

ANIMELLES
Testicules des animaux.

APPAREIL
Préparation composée d'un ou de plusieurs éléments de différentes natures, mélangés pour l'apprêt d'un plat quelconque.

APPRÊT
Opérations culinaires entourant la préparation d'un plat.

AROMATES
Toutes herbes, plantes ou racines qui répandent une odeur agréable.

BARDE OU BARDIÈRE
Tranche de lard gras assez fine.

BARDER
Envelopper de bardes une volaille, un gibier ou un rôti.

BLANCHIR
Porter à ébullition un aliment, puis le rafraîchir.

BOUQUET GARNI
Assemblage de thym, laurier, céleri et queues de persil ficelés ensemble. Sert à parfumer agréablement les mets.

BRAISER
Cuire dans une braisière ou une casserole hermétique avec peu de liquide. Comme cette cuisson est longue, il faut éviter que le liquide de cuisson ne s'évapore, d'où l'importance d'utiliser un bon équipement qui se ferme hermétiquement.

BRUNOISE
Légumes coupés en petits dés de 1 à 3 mm de côté.

CHAPELURE
Croûte de pain rassis passée au tamis et séchée. On peut utiliser aussi du pain tranché frais sans croûte.

CISELER
Couper en julienne ciboulette, laitue, oseille, etc.

COLORER
Saisir une viande ou une volaille dans un corps gras pour colorer uniformément.

CONCASSER
Hacher grossièrement.

CONTISER
Inciser volailles, gibiers ou certains poissons pour y glisser des lamelles de truffes ou autres ingrédients.

CRÉPINE
Fine membrane graisseuse qui enveloppe les viscères du veau et du porc, dont le rôle est généralement de maintenir une préparation hachée durant la cuisson.

CUIRE À LA GOUTTE DE SANG
Lorsque la poitrine d'une volaille ou d'un gibier à plume est cuite à point, une goutte de sang doit perler quand on pique la viande avec une aiguille.

DÉCANTER
Enlever les éléments qui ont cuit dans une sauce.

DÉGORGER
Faire tremper à l'eau froide pour débarrasser des impuretés.

DÉPOUILLER
Cuire longuement en dégraissant de temps à autre.

ÉMINCER
Couper en tranches minces un aliment large ou des légumes comme les oignons, poireaux, etc.

ÉMONDER
Enlever la peau des tomates, amandes, noisettes, etc., par une immersion dans l'eau bouillante de 10 à 15 sec, puis en rafraîchissant rapidement.

ÉPÉPINER
Enlever les pépins d'un fruit ou d'un légume.

ESCALOPER
Couper des pièces de viande en tranches minces et en biais. On peut utiliser un petit maillet en bois pour uniformiser les escalopes crues.

ÉTOUFFER
Cuire un aliment hermétiquement, dans une casserole lutée, un sac sous vide, ou dans la glaise.

FARCIR
Remplir l'intérieur d'une volaille, d'une pièce de viande avec de la farce.

FONDRE
Voir Tomber.

GASTRIQUE
Préparation sucrée et acide servant de base à certaines sauces.

HUILE DE CUISSON
Arachide, canola, maïs, olive, tournesol.

JULIENNE
Bâtonnets de 3 à 5 cm de longueur et de 1 à 2 mm d'épaisseur.

LARDER
Au moyen d'une lardoire, insérer des languettes de lard gras dans une viande pour la nourrir. On larde surtout les morceaux plus secs (par exemple, partie externe des cuisses).

LARDOIRE
Petit instrument qui ressemble à une grosse aiguille et qui sert à introduire des languettes de lard gras dans une viande.

LUTER
À l'aide d'un repère (pâte de farine et d'eau), fermer hermétiquement par cuisson le couvercle d'une casserole.

MACÉRER
Laisser séjourner un certain temps un fruit, un légume, une viande dans l'alcool.

MARINER
Laisser tremper dans une marinade pour attendrir et donner plus d'arôme.

MIJOTER
Faire cuire doucement et lentement.

MIREPOIX
Carottes, oignons, céleri et parfois lard et jambon coupés en dés, servant de base à une sauce.

MONTER UNE SAUCE AU BEURRE
Quand une sauce ou un jus bout, on y incorpore hors feu des noix de beurre (22 °C / 72 °F) sans atteindre l'ébullition. Le beurre aura un effet de liaison.

MOUILLER
Ajouter de l'eau, du bouillon ou du consommé à différents éléments pour les faire cuire.

NAPPER
Recouvrir de sauce ou de gelée les mets chauds ou froids.

PANER
Tremper un aliment dans un jaune d'œuf battu, puis dans la chapelure fraîche ou sèche.

PINCER
Colorer uniformément au four les os de gibiers à plume et à poil.

PLAT À SAUTER
Casserole à fond plat et au bord peu élevé.

PLUCHE
Cerfeuil effeuillé.

RAIDIR
Contracter les chairs d'un aliment sans coloration.

RÉDUIRE
Faire bouillir ou mijoter une sauce ou un fond pour rendre plus corsé.

REPÈRE
Farine délayée avec un blanc d'œuf ou de l'eau. Ce mélange plus ou moins consistant selon les besoins sert à luter un couvercle de casserole.

RÉSERVER
Conserver un aliment ou un appareil avant utilisation.

REVENIR
Faire sauter vivement une viande, un gibier à plume ou à poil, ou un légume qu'on veut colorer avant de mouiller.

RISSOLER
Exposer à feu vif pour dorer et griller.

SAISIR
Exposer sans transition à une forte chaleur, dans un corps gras brûlant, à la poêle, en friture.

SALPICON
Mélange de différents éléments en petits dés, petits tronçons ou filets liés avec une sauce.

SAUCER
Verser de la sauce autour d'un mets.

SAUTER
Cuire une viande dans un corps gras, à la poêle ou au plat à sauter.

SAUTEUSE
Casserole à bord évasé, généralement pour un saucier.

SINGER
Saupoudrer de farine, cuire celle-ci pour lier un liquide.

SUER
Extraire les liquides d'un légume sous l'effet de la chaleur intense d'un gras de cuisson.

TOMBER
Cuire des légumes dans un mouillement beurré jusqu'à complète évaporation du liquide.

VANNER
Agiter une sauce ou une crème pour empêcher la formation d'une peau ou pour y incorporer du beurre en pommade.

Bibliographie

Delaveau, Pierre, *Secrets et vertus des plantes médicinales*, Sélection du Reader's Digest, 1985.

Desaunay, Guy, *Pratiques et secrets de fabrication des liqueurs*, Pierre Bordas & fils, 1996.

Gélinas, Pierre, *Répertoire des microorganismes pathogènes transmis par les aliments*, La Fondation des gouverneurs, CRDA ; Edisem, 1995.

Lambert Ortiz, Elizabeth, *Encyclopédie des herbes et des épices*, Sélection du Reader's Digest, 1993.

Lamoureux, Gisèle, *et al.*, *Plantes sauvages printanières*, Éditions France-Amérique, 1975.

Lamoureux, Gisèle (sous la direction de), *Plantes sauvages comestibles*, Le groupe Fleurbec, 1981.

Lenoir, Jean, *Le Nez du Vin*, Édition Jean Lenoir, 1987.

Marie-Victorin, frère, *Flore laurentienne*, Presses de l'Université de Montréal, 1964 [1935].

Martin, Paul-Louis, *Les Fruits du Québec*, Septentrion, 2002.

Rousseau, Jacques et Guy Béthune, *Voyage de Pehr Kalm au Canada en 1749*. Traduction annotée du journal de route, Pierre Tisseyre, 1977.

Valnet, Jean, *La Phytothérapie : Traitement des maladies par les plantes*, Le Livre de Poche, 1984.

Valeur nutritive de quelques aliments, Gouvernement du Canada, 1999.

Index

Biscuits au chocolat et aux noisettes, crème au chocolat et poêlée de canneberges, 23
Bœuf épicé à la noix de coco et au jus de pimbina, 124
Canard Montmorency, 38
Clafoutis aux cerises et glace à la vanille, 41
Confiture de framboises pépins, yaourt et crumble au poivre et au citron, 75
Côte de veau à la gelée de pimbina, 125
Côtes de caribou aux atocas, 20
Côtes de sanglier aux groseilles, 78
Crème brûlée aux plaquebières et à la cannelle, 107
Crêpes, compote de cerise de terre et fromage à la crème battue, 51
Crêpes de pommes de terre aux bleuets, 26
Cuisses de lapin aux abricots, 12
Dos de brochet aux salicornes, sauce homardine au jus de cerises, 37
Escalopes de dinde sautées à la compote de cerise de terre, 46
Espadon grillé, sauce hollandaise aux bleuets, 28
Farce à gratin, 63
Farce simple, 63
Filet de doré braisé aux salicornes et au jus de fraise à l'oseille, 64
Filet de sébaste, émulsion de figues et figues de Barbarie, 57
Filets de porc rôtis, sauce au vin de gentiane, 118
Financier aux figues, réduction de vin rouge, 59
Flan de cervelle et jus de veau aux framboises, 72
Foie de veau au vinaigre de framboise, 70
Foie gras de canard aux figues et aux asperges, 54
Foies de canard aux prunes sauvages, 110
Fond blanc de volaille, 128
Fond brun de veau, 129
Fond brun de volaille, 128
Fumet de poisson, 132
Grenadins de veau aux bleuets, 27
Île flottante à la rose et aux mûres, 96
Langues de veau tièdes, sauce aux litchis, 92
Liqueur d'atoca, 21
Liqueur de cassis, 81
Liqueur de fraise, 66
Liqueur de mûre, 100
Litchis marinés, granité de citron vert à la vanille, 92
Macarons à la crème de citron et aux bleuets, 33
Marinade crue, 134
Médaillons de baudroie au jus de carotte et aux mûres, 99
Millefeuille aux abricots, crème légère au thé Earl Grey, 14
Mousse au poisson 133
Nougat glacé aux canneberges et aux pacanes, 21
Œufs au lait de coco à la poudre d'atoca, 18
Oies aux figues, 58
Pain perdu aux épices, confiture de cerise et copeaux de chocolat, 42
Parfait de cervelle de veau, crème sure au jus de prune, 113
Perdrix sautée, sauce au cassis, 85
Poitrines d'oie aux groseilles, 84
Pouding au pain brioché au cassis et à la muscade, 81
Poulet aux litchis à la citronnelle, 88
Poulet de Cornouailles farci aux girolles, au jus de fraise et de groseille, 62
Râble de lapin au cassis, 82
Ratafia d'abricots, 13
Riz au lait de chèvre, figue caramélisée et thym citronné, 56
Rôti de chevreuil, compote d'échalotes, jus de gibier aux sorbiers, 120
Roux banc et brun, 129
Sablés bretons avec crème au chèvre frais et nougatine, 31
Salade de buccins, mayonnaise aux agrumes et aux litchis, 91
Salade de papaye verte aux mûres, 99
Sauce aigre-douce au pimbina, 131
Sauce à l'orange, 131
Sauce aux airelles ou aux atocas (canneberges), 130
Sauce aux griottes, 130
Sauce chevreuil, 131
Sauce grand veneur, 131
Sauce gribiche, 134
Sauce hollandaise, 132
Sauce homardine, 133
Sauce mayonnaise, 133
Sauce périgueux, 134
Sauce salmis, 130
Sauté de foies de volaille aux effluves de plaquebières, 106
Sauté de gésiers de volaille en coffret, sauce aux abricots et au cognac, 13
Sauté de porc aux griottes et aux pommes, 36
Sauté de veau aux cerises de terre, 47
Shortcakes aux prunes et au mascarpone, 114
Sirop de bleuet, 30
Sirop de cerise, 38
Soupe de crabe à l'ananas et aux litchis, 91
Soupe de grenouille au jus de plaquebière, 104
Soupe de lait de coco au basilic et au granité de fraises, 66
Suprêmes de poulet aux bleuets, 30
Trio de légumes aux cerises de terre, 48
Vinaigre de framboise, 73
Vinaigre de mûre, 100
Vin de framboise, 73
Vin de fruits secs et de pimbina, 126
Vin de Lunel, 121

Introduction 7

Abricots 11
Airelles – Atocas – Canneberges 17
Bleuets – Myrtilles – Amélanchiers 25
Cerises – Griottes 35
Cerises de terre 45
Figues 53
Fraises 61
Framboises 69
Groseilles – Cassis 77
Litchis 87
Mûres 95
Plaquebières 103
Prunes 109
Sorbiers – Sureaux 117
Viornes – Pimbinas 123

Recettes de base 128

Pourquoi utiliser le thermomètre pour cuisiner ? 135

La cuisson à juste température 136

Prêtez attention aux bactéries et aux parasites 137

Glossaire 138

Bibliographie 141

Index 142

Achevé d'imprimer au Canada
sur les presses des Imprimeries Transcontinental Inc.